U0010895

飛彈的科學

彈道飛彈、空對空飛彈、地對艦飛彈、反衛星飛彈
從戰略飛彈到戰術飛彈大解密！

狩野良典◎著

晨星出版

推薦序

飛彈的科學與藝術

　　1944 年 6 月 13 日凌晨，怪異嗡嗡聲劃過英國倫敦的星空，驚醒的倫敦人手上機械錶滴滴答答的指著四點剛過，空中飛行器的空速計齒輪也喀啦喀啦啦的兀自計算飛行距離，接著巨大爆炸聲迎面撲來，史上第一枚飛彈 V1 以殘酷方式喚醒倫敦人的週二早晨，就在戰爭史最大規模的諾曼第登陸後一週，納粹以秘密武器向英國還擊，也開啟了飛彈時代。被英國人稱為「嗡嗡炸彈」的 V1 飛彈，原因來自於其脈衝噴射引擎之獨特運轉聲，以類似巡弋飛彈的飛行彈道進行攻擊。緊接著在 1944 年 9 月 8 日，納粹德國再推出 V2 飛彈攻擊倫敦，又開啟彈道飛彈的濫觴，其火箭引擎也成為後續美蘇太空計劃與洲際飛彈的研發基礎。

　　在初登場後，飛彈在近代戰爭中可說無役不與，各種型號不斷出現，以作戰空間區分，

　　包括地對地、地對空、空對地、空對空、甚至跨大

氣層的反衛星飛彈等；以戰術功能區分，則包括攻艦、反裝甲、防空、以及飛彈防禦等專用型導引飛彈。同時，飛彈的出現也在國際政治扮演重要角色，隨著射程距離的增長，中程飛彈、乃至長程洲際飛彈可以直搗對手後方，若搭載核生化彈頭將具備大規模殺傷能力，進而成為戰略性武器，衝擊國際體系的安全與穩定。這也是在冷戰時期「核嚇阻能力」以及相關談判是國際政治主要議題之原因，例如膾炙人口的電影「驚爆十三天」就是講述核戰一觸即發的古巴飛彈危機，還有一系列核潛艦電影之所以賣座，也是因著人們對潛射核飛彈僅由少數人掌控著核彈按鈕的恐懼。實際上，國人記憶猶新的「臺海飛彈危機」，以及波灣戰爭中精準命中軍事目標的「外科手術」式攻擊，乃至國際新聞常客的北韓飛彈試射，在在都說明飛彈在國際情勢中的影響力。

　　飛彈之所以可在戰場上橫衝直撞，就在結合高科技與工程設計的高度工藝，在彈體的狹小空間內，要整合尋標器、彈頭、姿態感測、運算電腦、推進劑、火箭引擎、電池、氣動面操控機構等八大系統，又要在飛行速度與最大射程之間取得平衡，拿捏取捨之間可說是高度的藝術。可以這麼說，就如同「賈柏斯難題」，在設計 I-phone 時堅持輕薄短小的設計美學，卻又要能高科技應用，在薄薄的機身納入高畫素鏡頭、高速處理器、長續航電池、以及敏銳的高解析面板，當然還要 GPS 接收器、重力感應等元件，這些功能濃縮在能夠一手掌

握，方寸之間可說是大大不易。隨著微電子科技的進步，就如同手機功能愈為強大，未來各式飛彈的性能也將大為提昇，雷達與紅外線尋標器的解析度更高，能更精準的辨識真假目標，透過聯網技術甚至可進行群組協調的聰明攻擊手段，對大群目標發動狼群般的集體攻擊，加上人工智慧的導入，新世代飛彈的殺傷力將更為精準且致命，目標一旦被鎖定就如同獵物被鷹眼盯上一般，再難脫身。

在明日戰場，飛彈將扮演決勝角色，甚至成為新一波軍事革命的主要動力，就如同軍事科技史上的飛機、戰車、航空母艦等新科技的應用，在戰場上都發揮決定性戰果。而在未來的軍事競逐中，台灣也不會缺席，由於擁有先進的半導體產業，掌握全球軍規晶片的主要生產地位，當紅的 F-35 戰機就是由台灣提供最新的奈米級軍規晶片，類似技術也將用於新一代的飛彈及各式導引彈藥，台灣可說是掌握著未來軍事科技的靈魂。透過本書對飛彈的介紹，讀者不僅可了解飛彈的發展與重要性，更可理解飛彈如何以小博大的科學與藝術，就如同小國好民的台灣，將可在科技強權的競逐中扮演關鍵角色。

國防安全研究院
國防資源與產業所長
蘇紫雲

　　大家都說現在是「飛彈戰爭的時代」。雖然尚無法單憑互射飛彈就決定戰爭勝負，但飛彈的確是現代戰爭中不可或缺的要素之一。

　　而軍事也是政治中重要的一環，若是缺少軍事知識，別說是國際政治了，連談國家生存戰略的空間都沒有。只是，現在的日本人普遍缺乏這個必備的知識。1980 年代，冷戰時期，當時歐洲的首腦與日本首相會談時，提到了「SS-20」這一個名詞，但是日本方卻無人知曉。SS-20 指的是蘇聯的長程彈道飛彈（IRBM）。一般來說，缺少軍事知識就算是個不合格的政治家，但二十世紀後半的日本政治家，幾乎都是沒有資格被稱作政治家的人。不過，之所以會變成如此，我想是因為選出這些政治家的國民都是和平傻瓜的緣故，再加上日本國民們也沒有身為主權者的自知吧！

　　民主主義國家的國民才是國家的主權者。若使用譬喻的話，每一位國民都如同是國王或總統。我們自己就是國家的主人，甚至可以說「朕即國家」，自己就是

執行政治的主體。只是現實中，如果全體國民都變成總統，一般產業都無人運作的話，社會將會無法成立，所以國民才會到各自的產業中進行經濟活動。此外，由於全體國民無法都進到國會裡開會，所以才會選出某位代表代替國民進行會議，或選出某人來代替國民作為首相。但這也只是代理人民來執行這些工作，實際上的主體依然是我們自己。

因此國民必須思考「要如何營運這個國家」，當考慮國家政治時，就必須理解到軍事是政治中不可劃分、至關重要的一部分。缺少軍事知識，是無法勝任首相或總統的，換言之，沒有軍事知識的人沒有資格談主權。因此國民必須具備軍事方面的知識才行。話雖如此，若對大多數的人說：「大家對軍事知識都應該要有所了解！」也只會讓人徒增困擾而已。我們應該讀哪些書來學習軍事知識呢？世界各地經常可以見到，所謂「武器狂熱者」的知識是不需要的。因為對一國之君而言，需要學習的軍事知識，並非武器的機械結構或規格，而是戰略等級，且多半與政治相關。社會中多數被稱作「軍事宅」的人，事實上都不具備身為國家主權者必須了解的戰略等級軍事知識。

不過，在現實世界的軍事行動中，武器確實也擔任了相當關鍵的角色。雖然不需要像狂熱者那樣精通武器的構造，但如果是像 1980 年代的日本某位首相，對於「SS-20」完全沒有概念，身為主權者連聽到「DF-21」

或「彈頭使用了 MIRV」，也是一臉困惑，就真的會讓人感到困擾。只要對硬體方面的知識有一定程度的了解，在論及有關國家防衛的議題時，就不會作出前後矛盾的發言了。因此，筆者想寫一套簡單易懂的軍事知識叢書，方便向各位讀者解說身為國家主權者必備的軍事知識。本書《飛彈的科學》，就是其中一本。

雖說如此，但也不是要求各位讀過書後，「好的，那接下來開始考試，沒有考到 75 分以上的人沒有選舉的資格。」努力地把書中內容背起來。而是只要讀過一次，把內容放在大腦的某個角落，等到那天需要的時候想到「啊對欸，那本書裡面有寫到」，再翻開此書閱讀就行了。

本書除了解說有關飛彈的基礎知識之外，也會提及其他非飛彈類的武器，像是飛彈的「親戚」，如無導引火箭（FFR）、導引炸彈和導引砲彈等。飛彈（Missile）的英文，是來自於拉丁文的「投射物」。也就是說，原本的意思是指將弓矢、石頭或是槍砲彈藥等物體，在沒有搭載導引裝置的狀態下，不管三七二十一地丟向敵人，都可以當作是飛彈。而裝有導引裝置的飛彈就稱為「Guided Missile」（GM）。不過在現代，如果是講廣義的投射物體，英文會使用「Projectile」這個詞；而若是 Missile，指的就是擁有推進力的導引飛彈了。

雖說如此，像是俄羅斯的蛙式飛彈（Frog Missile），其實不是導引飛彈，而是火箭的一種，但卻被稱為飛彈；

另外，有的砲彈或由轟炸機投下的炸彈上也都裝有導引裝置。雖然這些武器都不屬於狹義的飛彈，但在戰術上的用法等同於飛彈。因此，書中也會將這些武器視為與飛彈相關的軍事知識，一併說明和介紹。

2016 年 3 月　狩野良典

CONTENTS

CONTENTS

第 1 章

分類系統

在武器展覽上,俄羅斯飛彈公司(JSC Tactical Missile Corporation)的攤位。

戰術飛彈與戰略飛彈
——冷戰時期蘇聯（現俄羅斯）決定的分類方式

　　所謂的戰術飛彈，指的是在各國軍隊戰鬥的戰場上，攻擊敵人及造成破壞的飛彈。大部分的飛彈，包含剛剛提到的反戰車飛彈、對空飛彈或反艦飛彈等，都是被歸類到戰術飛彈分類之中。

　　所謂的戰略飛彈，指的則是飛越戰場，目的在於摧毀敵國都市或工廠等重要設施的飛彈。理所當然，戰略飛彈的射程比戰術飛彈要長上許多。在冷戰時期，蘇聯（現俄羅斯）對於飛彈的分類，是以射程來區分：射程超過 5,500 公里以上的彈道飛彈，就屬於戰略飛彈（請參考 **1-02**）。不過，針對從飛機上發射的戰略飛彈，其射程距離較短，而且飛機必須飛到目標附近才能發射，因此將射程設定在 600 公里以上。但因美國和蘇聯認為，「為了要打擊敵國都市以及重要設施，如此距離的射程是必須的」，所以才被歸類於此。

　　比如，北韓要攻擊韓國的都市，平壤和首爾的距離只有約 200 公里；如果是印度和巴基斯坦的話，德里和伊斯蘭馬巴德的距離大約是 700 公里。也就是說，對中小國而言，射程僅有數百公里的飛彈也足夠當作戰略飛彈來使用。因此，這個由冷戰時期美俄決定、由射程區分飛彈的分類方式，對現在的美國、俄羅斯、中國以外的國家而言，毫無意義。

　　另外，談到戰略飛彈就會聯想到核子彈頭，這已經是一種常識。雖然在戰略飛彈的定義中，並未包含使用核子彈頭的飛彈，但一般彈頭的飛彈，對於打擊敵國的戰略而言，其破壞力是沒有足夠力道的，因此才會使用核子彈頭。這也是為什麼談到戰略飛彈就會聯想到核子彈頭飛彈的原因。

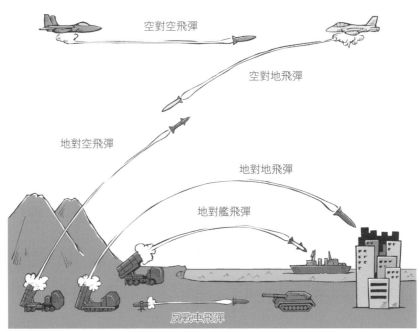

戰術飛彈是戰場上軍隊與軍隊間進行戰鬥的飛彈。

戰略飛彈則是飛過戰場，瞄準敵國中樞或都市的飛彈。照片是中國的DF-2。

1-02

彈道飛彈
—— 瞄準敵國中心的巨大砲彈

　　彈道飛彈（Ballistic Missile）指的是飛行方式像砲彈般、以拋物線飛行的飛彈。這種飛彈並非從火砲發射，而是以火箭的方式發射出去，類似「巨大的砲彈」。

　　飛彈—— 總之是導引飛彈的一種，附有導引裝置。不過其導引方式，並不是由發射基地發出的導引電波引導，而是飛彈內部的裝置會自動檢查飛彈是否依照計畫中的彈道飛行，並進行微調。但也僅此而已，所以並不能說是真正的導引。

　　彈道飛彈的分類方式如下：射程 6,000 公里以上的彈道飛彈，稱為洲際彈道飛彈（ICBM：Inter Continental Ballistic Missile）；射程約 2,000 ～ 6,000 公里的稱為長程彈道飛彈（IRBM：Intermediate-Range Ballistic Missile）；射程 800 ～ 2,000 公里的稱為中程彈道飛彈（MRBM：Medium-Range Ballistic Missile）；射程 800 公里以下的則稱為短程彈道飛彈（SRBM：Short-Range Ballistic Missile）。

　　不過，此種由射程來區分彈道飛彈的方法，並沒有一個明確、世界共通的基準。根據美俄的戰略武器限制談判協定中，射程距離超過 5,500 公里以上的彈道飛彈，即屬於 ICBM。

　　中國軍隊的彈道飛彈分類方式則為，射程超過 5,500 公里以上的彈道飛彈稱為洲際彈道導彈（ICBM）；射程介於 3,000 ～ 5,500 公里的稱為遠程彈道導彈（IRBM）；射程介於 1,000 ～ 3,000 公里的稱為中程彈道導彈（MRBM）；射程 1,000 公里以下的稱為短程彈道導彈（SRBM）。另外，法國則是把射程介於 2,400 ～ 6,000 公里的彈道飛彈分類到 IRBM。根據不同國家或使用的文件不同，分類方式或多或少會有些不同。

中國的DF-2中程彈道飛彈因為老舊，目前已經除役了。

1-03

潛射彈道飛彈
——核威攝力的主角

設置在地面上的飛彈基地，可能會遭到敵方的先制攻擊而被破壞。因此，有些軍隊會把飛彈基地設置在大型的運輸、發射車輛或火車上，成為移動式的飛彈基地。但不管是何種類型的基地，都難以和不易被敵軍發現、且能自由移動的潛艦相比。由潛艦所發射的彈道飛彈，稱為潛射彈道飛彈（SLBM：Submarine Launched Ballistic Missile）。

不論任誰擁有壓倒性優勢的核子武器，以及利用先制攻擊給予敵國毀滅般打擊的自信，一旦發射核子飛彈攻擊敵國，「連位於世界何處都無法得知的敵方潛艦，就會發動報復攻擊，向我國發射核子飛彈」，一想到此，就無法發動先制攻擊了吧！

以「一旦先發出攻擊，就會遭到報復」的方式，藉此來嚇阻對手想要攻擊的力量，稱為核威攝力。而搭載彈道飛彈的潛艦，就會是最具核武威攝力的手段了。

在地面上發射的彈道飛彈、可執行核子轟炸的轟炸機、搭載彈道飛彈的潛艦，這三種武器裝備被稱為核武的三大主要支柱。任何一個國家只要擁有這三大支柱，就會被認為是擁有核武器大國的證明。

但是，同時擁有這三種武器裝備的國家，只有美俄。雖然中國也宣稱擁有可以搭載核子彈頭飛彈的轟炸機，但該型轟炸機已經相當老舊，事實上等同於沒有。

雖然英國和法國也曾擁有設置在地面上的彈道飛彈，以及搭載核子彈頭的轟炸機，但因為軍事預算受到壓縮，面臨到取捨的問題。最後因為「搭載彈道飛彈的潛艦威懾力道最高」，所以英國和法國的核威懾力目前僅剩此種。

美國海軍的戰略核子動力潛艦「亨利 M 傑克森」號,是隸屬於華盛頓州基普察海軍基地中的八艘戰略核子動力潛艦之一。

照片來源:美國海軍

搭載在中國夏級戰略核子動力潛艦的JL-1 SLBM。

1-04 巡弋飛彈
——簡言之就是無人特攻飛機

　　巡弋飛彈（CM：Cruise Missile）指的是飛彈上有著像飛機一樣的彈翼，且幾乎是筆直著朝向目標前進的飛彈。像是無人特攻飛機一樣，上面搭載的引擎大多是噴射引擎。因此，巡弋飛彈上一般都會有進氣口。

　　雖然沒有「搭載螺旋槳引擎的巡弋飛彈」，但在理論上是可行的，若射程變短也沒關係的話，搭載火箭引擎的巡弋飛彈也不是不行。

　　有彈翼，且是利用噴射引擎（或是火箭引擎）朝著目標水平飛行的話，大部分的反艦飛彈、反戰車飛彈，也都是屬於這種類型。雖說如此，但也只能說它們在構造上是巡弋飛彈，因為一般而言，不會把反艦飛彈、反戰車飛彈當作巡弋飛彈使用。

　　提到巡弋飛彈，一般會認為是攻擊固定於陸地上，且遠距離（數百公里以上）的目標。巡弋飛彈有很多種類，搭載在卡車上、由陸地上發射出來的巡弋飛彈稱為陸射巡弋飛彈 GLCM（Ground Launched Cruise Missile），由潛艦發射的稱為潛射巡弋飛彈 SLCM（Submarine Launched Cruise Missile），由飛機發射的稱為空射巡弋飛彈 ALCM（Air Launched Cruise Missile）等等。

　　從潛艦的魚雷發射管所發射的巡弋飛彈，發射前是裝在魚雷型的膠囊中。發射時，整個膠囊會連同裝在裡頭的巡弋飛彈一同射出；等到浮出水面時，一具名為加力器的小型輔助用火箭，會使巡弋飛彈飛向空中；滯空後，巡弋飛彈就會打開像是飛機機翼般的彈翼，使用噴射引擎開始水平飛行，朝著目標前進。

巡弋飛彈的飛行概念

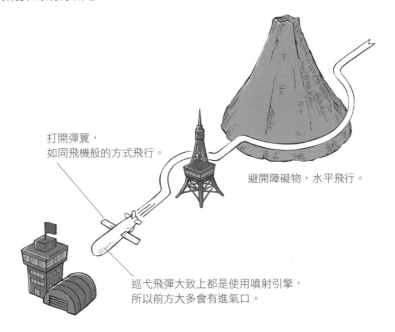

打開彈翼，
如同飛機般的方式飛行。

避開障礙物，水平飛行。

巡弋飛彈大致上都是使用噴射引擎，
所以前方大多會有進氣口。

現代的巡弋飛彈會避開障礙物，以超低空的方式飛行。

中國的車載式長劍10巡弋飛彈，在北京的閱兵分列中亮相。

1-05 空對空飛彈
——由飛機發射，攻擊飛機

空對空飛彈（AAM：Air-to-Air Missile）指的是由飛機發射，攻擊飛機的飛彈。根據空對空飛彈的射程，可以分成下列四種類型。

• 短程 AAM

射程從數公里到 10 公里以下的飛彈，重量大約在 100 公斤上下。如美國的響尾蛇飛彈、俄國的 AA-2 以及日本的 90 式空對空飛彈等等。

• 短程 輕量化 AAM

射程與短程 AAM 一樣，不過重量只有大約數十公斤左右，屬於小型飛彈，原本是一種讓步兵扛在肩上射擊用的小型對空飛彈，後來成為裝置在飛機上的飛彈。除此之外，也可以當作是直升機用的 AAM 來使用，例如刺針飛彈及 91 式地對空飛彈等。這種飛彈看起來非常迷你，會讓人懷疑威力是否可以當作真正的 AAM 來使用。

• 中程 AAM

射程從 10 ～ 100 公里以下，重量約為 200 ～ 300 公斤的飛彈，例如美國的 AIM-7 麻雀飛彈、先進中程空對空飛彈 AMRAAM，俄國的 AA-3、AA-11 以及日本的 AAM-4 等。

• 長程 AAM

射程超過 100 公里以上，重量約為 400 ～ 600 公斤左右的飛彈，例如美國的鳳凰飛彈以及俄國的 R-37 等。雖然射程越長越好，但是射程越長，飛彈本身的重量就會越重。因此大部分的戰鬥機都只有配備短程 AAM 及中程 AAM。長程 AAM 的種類少，而且能夠搭載長程 AAM 的戰鬥機也有限。

搭載在日本航空自衛隊F-15J戰鬥機上的90式短程空對空飛彈（上）以及AIM-7麻雀中程空對空飛彈（下）。

俄國的R-77（AA-12）中程AAM，特徵是造型奇特的尾翼。

1-06 空對地飛彈
──由飛機所發射，攻擊地上的目標

空對地飛彈（ASM：Air-to-Surface Missile）指的是由飛機發射，攻擊地上目標的飛彈。另外，由飛機對著海上船艦發射的空對艦飛彈，因為海面也是「Surface」，所以英文縮寫也會是ASM，這在書中會另外開篇幅來說明。

空對地飛彈又分成戰略 ASM 及戰術 ASM，不過如 1-01 所述，這一種區分方式除了美俄中以外，對其它的國家而言，幾乎是毫無意義。冷戰時期，美蘇分別製造出數種不等的戰略 ASM，這些飛彈的推進方式均採用火箭推進或螺旋槳推進，並且為了讓飛彈可以擁有更遠的射程，因此這些飛彈的體積都非常巨大。連像是 B-52 的大型轟炸機，也只能搭載一到兩枚而已。如今擔任戰略 ASM 的武器，只剩下搭載渦輪扇噴射引擎的巡弋飛彈。

大部分的 ASM 都是屬於戰術 ASM──換言之，就是在戰場上攻擊敵方部隊的武器。根據戰術 ASM 的射程，可以分成以下三種類型：

- 短程 ASM ＝射程未滿 10 公里的飛彈
- 中程 ASM ＝射程 10 ～ 100 公里以內的飛彈
- 長程 ASM ＝射程 100 公里以上的飛彈

對於戰鬥機或是對地攻擊機而言，短程 ASM 的射程太短了，所以主要是裝載在直升機上。另外還有一種特殊的 ASM，稱為反輻射飛彈。此飛彈是設計來摧毀敵方防空飛彈基地以及雷達站，所以是一種會朝著電波訊號來源飛過去的飛彈。

中國的CM-802中程空對地飛彈（同時兼具反艦功能）。

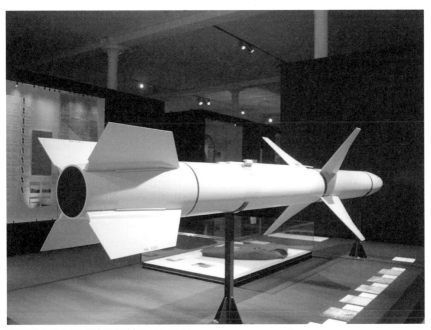

美國的AGM-88高速反輻射飛彈HARM。

1-07 地對空飛彈
——也是步兵肩射的飛彈

從地面上攻擊飛機所使用的飛彈，就是地對空飛彈（SAM：Surface-to-Air Missile）。除了地對空飛彈之外，也有「對空飛彈」及「防空飛彈」等說法。這一種飛彈也可以用射程來區分，如

- 近程 SAM ＝射程約 5 公里左右的飛彈
- 短程 SAM ＝射程約 10 公里左右的飛彈
- 中高空 SAM ＝射程超過 30 公里以上的飛彈

不過這一種分類方式並非十分嚴謹。

近程 SAM 和短程 SAM 中的的近程和短程指的是「距離」，但中高空 SAM 則是用「高度」來區分，感覺並沒有一致性，不過現在就是這樣稱呼的。其他的飛彈，如彈道飛彈或是設計來擊落衛星的飛彈，又是用其他方式來區分了。

近程 SAM 中，還有一種如步槍般，可以由一位步兵攜帶並發射，稱為單兵攜行式 SAM。另外，也有裝載在卡車上的飛彈。

提到日本自衛隊的對空飛彈，日本自衛隊的近程 SAM，是把四具 91 式單兵攜行式地對空飛彈裝置在高機動車上，並改稱為 93 式近程地對空飛彈。另外，81 式短程地對空飛彈屬於短程 SAM，03 式中程地對空飛彈則屬於中高空 SAM 中的中空 SAM，愛國者飛彈是屬於中高空 SAM 的高空 SAM。

右頁下方照片，是冷戰時期蘇聯的 SA-2 中高空地對空飛彈。擊落美國 U-2 偵察機的就是這一型飛彈。

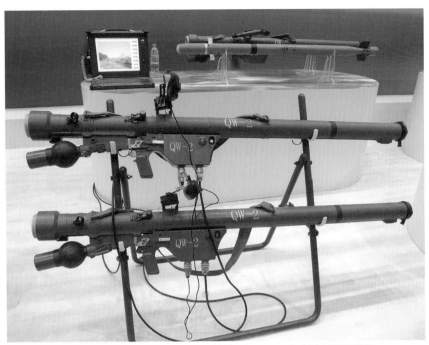

能讓士兵像扛槍一樣，並可隨時發射的單兵攜行式SAM。照片是中國軍隊的QW-2。

蘇聯的SA-2地對空飛彈，為越南戰爭時期的主力防空武器。

1-08

地對地飛彈
——俄國的FROG-7是飛彈嗎？

　　地對地飛彈（SSM：Surface-to-Surface Missile），指的是由地面（或是海面）發射，來攻擊地面（或是海面）目標的飛彈。雖然現在是「飛彈戰爭的時代」，但地面部隊間的戰鬥主角依然是火砲。只不過，火砲也有極限，不管再怎麼改良，射程也只有數十公里而已。

　　因此就使用了地對地飛彈來攻擊更遠的目標。但是，射程超過 100 公里以上的地對地飛彈非常巨大且昂貴。陸軍的部隊都是分散行動的關係，即使用這麼大的飛彈攻擊敵方，也無法造成敵軍夠大的損害，成本效益不佳，因此這種飛彈不常使用。雖然將核彈頭裝載上去，會帶來很大的效果，但是也不能輕易地使用。

　　此時就會使用集束炸彈。這種炸彈會在飛彈中放入大量的小型炸彈（子彈），攻擊時會在敵方的上方將這些子彈撒出來。

　　陸軍使用的大型火箭中，有一種火箭乍看之下會覺得是地對地火箭，但其實那是沒有導引裝置的火箭（無導引火箭）。如俄國及北韓使用的 FROG-7、過去美國使用過的「誠實約翰」以及日本自衛隊過去配備的 R30（68 式 30 型火箭榴彈）等。外觀看起來像是飛彈，但實際上應該不能稱作飛彈，不過也有些人把蛙式（FROG）稱為飛彈。

　　另一方面，右下方照片是多管火箭 MLRS（Multiple Launch Rocket System），從 MLRS 發射出來的火箭中，有的是有使用 GPS 導引，雖然不能稱之為飛彈，但也屬於地對地飛彈的一種。

照片是俄國的FROG-7，明明沒有使用導引裝置，卻被稱為「地對地飛彈」，射程為70公里。

照片是日本陸上自衛隊所使用的多管火箭（MLRS），除了一般火箭之外，有時候也會發射GPS導引型火箭，這種火箭就可以算是地對地飛彈了。

1-09 艦對艦飛彈
——也有射程超過100公里以上的飛彈

　　艦對艦飛彈（SSM：Ship-to-Ship Missile），指的是從海上艦艇攻擊海上目標物的飛彈。英文縮寫和地對地飛彈相同。在過去，軍艦和軍艦之間的戰爭是使用火砲當作主要武器，但現在已經是使用飛彈來取代火砲了（雖然如此，但為了擊落來襲的艦對艦飛彈，或是打擊陸地上的目標，抑或是當飛彈射盡之後的最終攻擊手段，軍艦上還是裝載著火砲）。

　　因為地球是圓的，所以無法看到水平線之後、位於更遠處的物體。此外，無線電波的前進方式為直線，所以雷達也相同無法探測到水平線之後更遠處的物體。如果要看到更遠的物體，就必須從更高的地方看出去才行，因此雷達才會放置在高聳的鐵塔上面。只是即便如此，最極限的距離也只能達到數十公里遠而已。雖然有些艦對艦飛彈的射程超過 100 公里以上，但如果沒有偵察機來告訴飛彈目標位置，即使射程遠，也無法善用其長射程的功能。

　　如果是要攻擊潛艦的飛彈，且是從水上軍艦發射攻擊，稱之為艦對潛飛彈 SUM（Ship of Underwater Missile），而由潛艦發射攻擊潛艇的飛彈則稱為潛對潛飛彈 UUM（Underwater to Underwater Missile）。

　　由於飛彈無法在水中飛行，所以要攻擊潛艦時，必須使用水中飛彈。而水中飛彈，換言之就是魚雷，其射程短，速度和飛彈相比也較慢，因此要擊中遠方物件會花上非常多的時間。所以，反潛飛彈的做法是，在火箭的前端裝上魚雷，並在敵方潛艦的附近丟下魚雷來攻擊敵方潛艦。

中國的C-705艦對艦飛彈。

日本海上自衛隊的90式艦對艦飛彈。

1-10 地對艦飛彈
——有的是從空對艦飛彈改造過來

地對艦飛彈指的是從陸地上發射,攻擊海上船艦的飛彈。縮寫是 SSM（Surface-to-Ship Missile）,和地對地飛彈的縮寫相同。而地對艦飛彈有著各式各樣的尺寸。

有的國家會把 AH-64 阿帕契攻擊直升機所搭載的,重達 46公斤、射程 8 公里的地獄火飛彈改成地面發射型,並作為沿岸防衛部隊的地對艦飛彈來使用。此外,提到大型的地對艦飛彈,還有俄國的 K-300P 堡壘飛彈,重量 3 噸,射程 300 公里,並且能以 2.5 馬赫的速度飛行。

各類地對艦飛彈中,最有名的應該是中國製 HY-1 飛彈（以及其後續發展飛彈）,以其別名「蠶式」*（Silkworm）最為出名。此飛彈是複製俄羅斯的 SS-N-2 飛彈,北韓也使用此飛彈,此外也有輸出到中東。這類飛彈的重量將近 3 噸,彈翼非常大,飛行時,看起來像是巨大的遙控飛機在天上飛。由於此型飛彈屬於舊式,所以就算將它射向現代軍艦,應該也會被打下來;但因為飛彈彈頭的重量重達 500 公斤且體積龐大,萬一不幸被擊中,依舊會造成相當大的損害,所以不能掉以輕心。

地對艦、艦對艦、空對艦飛彈這三種飛彈,基本上大多是把同一種飛彈根據用途,變更部分設計之後而成的。比如 K-300P 堡壘飛彈,空對艦型號就成為 Kh-61,艦對艦型號就成為 P-800。日本自衛隊的對艦飛彈也是一樣,一開始先開發出 80 式空對艦飛彈,之後經過稍微改造後變成 88 式地對艦飛彈,接著裝載在船上後就變成 90 式艦對艦飛彈。

---

* 譯註:此為北大西洋公約組織 NATO 的代號,台灣將其命名為海鷹一型。

中國製HY-1蠶式地對艦飛彈。

日本陸上自衛隊的88式地對艦飛彈。

1-11 空對艦飛彈
——從空中發射時也可以延伸射程

　　空對艦飛彈（ASM：Air-to-Ship Missile）就是由飛機所發射攻擊水上艦艇的飛彈。因為地球是圓的，所以視線沒有辦法穿越地平線；但如果是從飛機上眺望的話，就可以看到比從地面上看要更遠的事物，高度一萬公尺可得到將近 400 公里的視線距離。

　　即使實際上肉眼看不到，雷達電波也能傳達得到。雖說很多人會認為，戰鬥機等飛機上搭載的雷達這麼小，「會不會只能探測到數百公里內的船艦？」但即使如此，飛機上搭載的雷達跟艦對艦飛彈、地對艦飛彈相比，可偵測的範圍還是要遠得多，可以從更遠的地方發現目標。

　　另外，相對於艦對艦飛彈或是地對艦飛彈，即便飛彈本身的推進力相同，飛彈發射時加上飛機本身的速度和高度，就可以額外增加飛彈的射程。因此，進行反艦攻擊時，使用空對艦飛彈有絕對性的優勢。

　　空對艦飛彈也有各式各樣的尺寸。日本海上自衛隊也會將原本是反戰車飛彈的地獄火飛彈，裝載在直升機上，當作空對艦飛彈來使用。

　　日本自衛隊和美軍都有使用的魚叉反艦飛彈，其空對艦版本全長 3.84 公尺，重量達 522 公斤，彈頭重量則是 222 公斤；俄國的 Kh-41 全長 9.7 公尺，重量 4.5 噸，彈頭重量 320 公斤，雖然射程有 250 公里，但即便是像 Su-27 這麼大的戰鬥機也只能搭載一枚。

　　另外，不管是地對艦、空對艦或艦對艦飛彈，即使反艦飛彈在飛行途中飛上高空，即將擊中敵艦時，也會進行距離海面只有數公尺的超低空飛行。

中國的C-701小型空對艦飛彈。全長2.5公尺，重量117公斤，射程有25公里。

正在裝載於P-3獵戶座反潛機上的AGM-84魚叉空對艦飛彈。　　　　　　照片：美國海軍。

1-12 | 艦對空飛彈
──由船艦發射攻擊飛機

艦對空飛彈的縮寫是 SAM（Ship-to-Air Missile），和地對空飛彈相同。

實際上，大部分都是「改良地對空飛彈後裝載在軍艦上」，也有從空對空飛彈轉移過來使用的，如海麻雀飛彈。

舊型的艦對空飛彈如右圖上方。這是俄羅斯的 SA-N-3（M-11），飛彈會裸露在外面，且大多是裝載在飛彈發射器上。後來轉變成裝在彈箱（亦作為發射筒使用）中，並且整個裝載在飛彈發射器上。

甚至最近還發展成垂直發射系統（VLS：Vertical Launching System），是一種以垂直方式把整個發射筒收納在甲板下方的發射系統。不過也因為如此，最近都無法在軍艦上看到飛彈的身影了，真是讓人覺得寂寞吶！

艦對空飛彈又分為艦隊防空飛彈以及單艦防空飛彈。以美國為例的話，神盾艦所搭載的 SM-2 標準二型中程飛彈的射程約為 120 公里，可防禦的空域廣，能同時執行含括數艘船艦的防空任務。而單艦防空飛彈則是使用射程約 50 公里的海麻雀飛彈。

以俄羅斯為例，就有如艦隊防空用的 SA-N-6 飛彈，射程大約 90 公里；而單艦防空飛彈的 SA-N-9，射程約為 24 公里。

另外，最近各國軍隊也開發一種名為「近迫防空飛彈」的飛彈，是一種小型飛彈，目的在於擊落來襲的反艦飛彈。此飛彈最近也開始裝載在各國軍艦上。日本海上自衛隊以直升機驅逐艦「出雲」為首的軍艦，也開始裝載這類飛彈（請參考 5-08）。

俄羅斯基輔級航空母艦所裝載的SA-N-3艦對空飛彈。

中國的FN-3000近迫防空飛彈。

1-13 反戰車飛彈
——步兵也可以摧毀戰車

反戰車飛彈（ATM：Anti-Tank Missile）是一種為了攻擊戰車所產生出來的飛彈。二次世界大戰前，有的戰車裝甲較薄，所以只要使用口徑 12.7 公釐或 14.5 公釐的反戰車步槍就足以用來攻擊戰車了；但是隨著戰車的裝甲開始變厚，有時使用口徑 37 公釐或 57 公釐的反戰車砲也無法打穿戰車裝甲。因此，反戰車砲就變得愈來愈大、愈來愈重，甚至重達數噸，變得無法靈活地跟著步兵部隊移動。

後來出現了使用火箭攻擊戰車的攻擊模式，只要一具簡單的發射筒就能發射相對較大的火箭彈來進行攻擊。巴祖卡火箭筒就是其中最具代表性的火箭筒。

但相較於槍砲，火箭彈的準度非常差。所以後來才加裝導引裝置，把火箭改成飛彈。只是改造成飛彈後，和砲彈或無導引裝置的火箭相比，飛彈的價格有時甚至會貴上數百倍。不過因為戰車也是屬於高價的兵器之一，因此拿高價的反戰車飛彈來打高價的戰車，成本效益也不差。

但在戰場上，有時會因被情勢所逼，而把高價的反戰車飛彈拿來攻擊相較之下便宜許多的吉普車或卡車。不過話說回來，在文明國家中，士兵的性命比起反戰車飛彈，還是來得重要許多。

反戰車飛彈的尺寸有大有小，小型的可以讓士兵扛在肩上射擊，也有不使用卡車或直升機就無法運送的大型反戰車飛彈。前面所提到的大型反戰車飛彈中，有的是為了要攻擊如登陸艇等小型船艦而開發出來的。

日本自衛隊所使用的01式輕型反戰車飛彈，步兵可以將此武器扛在肩上射擊。

圖中是1973年贖罪日戰爭（又稱第四次中東戰爭）時，蘇聯拿來攻擊以色列戰車部隊，且造成極大傷害的AT-3火泥箱（Sagger）反戰車飛彈，現在已經除役了。

1-14

反彈道飛彈
——雖然比除役的彈道飛彈還要貴，但……

反彈道飛彈（ABM：Anti-Ballistic Missile），指的是用來擊落稱為 ICBM 及 MRBM 等彈道飛彈用的飛彈。但在 20 世紀中期，沒有可以準確擊落彈道飛彈的對空飛彈。雖然如此，有的軍隊的想法是「只要發射核彈來攻擊，即使沒有精準命中來襲的飛彈，也可以破壞敵方的飛彈」，因此做了一個大小跟彈道飛彈差不多（跟發射衛星用的火箭差不多大）的核彈，當作是反彈道飛彈來使用。

在俄羅斯統治周邊國家的蘇聯時代（冷戰時期），為了防衛莫斯科，周邊先配置 A350 飛彈（美軍中以 NATO 代號「橡皮套鞋」來稱呼此飛彈），後來再配置新型的 Gazelle 飛彈和 Gorgon 飛彈等。針對這些飛彈，美國則開發了搭載數個不等的核彈頭，命名為勝利女神宙斯型飛彈、短跑飛彈等。

但是，當配備了這樣的武器，就會開始擔心是否會造成各國間的軍備競賽。因為敵國也會針對這些武器，進一步開發配備更多的彈道飛彈，然後該國就會為此增加更多的反彈道飛彈……。因此在 1972 年，美國和蘇聯簽訂了反彈道飛彈條約，主要內容是「以防衛首都或是其他重要基地為目的，僅能設置 100 枚以下的反彈道飛彈」。

到了 21 世紀，雖然蘇聯崩解，但擁有彈道飛彈的國家卻增加了。美國認為「僅於蘇俄之間簽訂的反彈道飛彈條約是沒有意義的」，因此在 2002 年終止此條約，開發、配備非核彈頭的 ABM。也就是長射程的 THAAD 飛彈（請參考 6-09）、短射程的 PAC-3、搭載在神盾艦上的 SM-3。

日本自衛隊所配備的PAC-3反彈道飛彈。

俄羅斯的S-300飛彈好像也具有反彈道飛彈的功能。

1-15　反衛星飛彈
——控制宇宙就可以控制戰場

　　自從飛機加入戰場以後，不管是地面上還是海上的戰役，想打勝仗，首先得打贏空中的戰爭，獲得制空權才行。甚至到現在，連確保太空中的優勢也開始變得重要了。

　　「為了防止將軍備擴展到宇宙」，聯合國設立了外太空條約，禁止各國在衛星軌道上設立如核彈等大規模的毀滅性武器。但即便如此，太空中還是充滿了人造衛星，有了衛星就可以利用衛星的鏡頭了解敵軍部隊的配置和動向，也可以利用全球衛星定位系統（又稱 GPS）把飛彈或炸彈準確地送到預定的位置（車用及手機的導航系統也是使用一樣的系統）。要使用衛星，就不能缺少遠距離通訊器材與衛星通訊的能力。可以說少了人造衛星，近代戰爭就無法成立。

　　後來就出現另一種想法：「破壞敵人的人造衛星，來獲得衛星軌道上的太空優勢。」所以冷戰時期的美蘇兩國（還有最近再加上中國），開始開發各式各樣的反衛星飛彈（ASAT：Anti-SATellite Weapon）。這個詞並未限定用於飛彈，而是指各式各樣攻擊衛星的武器（例如使用雷射來攻擊衛星），不過現在的主要武器仍是飛彈。

　　美蘇中都分別成功地完成針對衛星的飛彈攻擊試驗，但是後來發現攻擊後產生的大量碎片會飛散在衛星軌道上（或稱太空垃圾），而且這些碎片會對有搭載人的太空船或是其他各式各樣的衛星產生危害，所以這類型的飛彈到現在為止都還沒有正式開始配備使用。

美國的F-15A戰鬥機發射ASM-135 ASAT時的照片，一邊快速爬升一邊發射。照片來自美國空軍。

ASM-135 ASAT的外觀概念圖

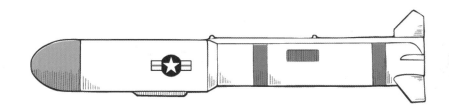

ASM-135 ASAT全長5.18公尺、重量1,180公斤，射程為800公里。並沒有配置到任何一個部隊。

1-16 | 導引炸彈
——讓普通的炸彈變成空對地飛彈

近年來，將飛彈導引技術，應用到其他武器之後，現在已經可以導引砲彈及炸彈了。以美國的「鋪路」（Paveway）導引炸彈系統為例，炸彈本體就只是無導引裝置的炸彈，但是在炸彈頭部裝有一個帶有小彈翼的雷射導引裝置，便能藉由這個導引裝置以及彈翼，導引炸彈到雷射瞄準的目標上。而發射這個導引雷射的不一定要是投下炸彈的飛機，也可以是其他的飛機或是地面上的士兵來執行發射導引雷射的動作。

如果是不會動的目標，就使用 GPS 導引炸彈，例如成本效益較佳的聯合直接攻擊炸彈（JDAM：Joint Direct Attack Munition）。此類型的炸彈本體也是普通的炸彈，只要在炸彈外部裝上 GPS 導引裝置，並在炸彈尾端裝上可活動的尾翼好控制方向，就從普通炸彈變成 GPS 導引炸彈了。另外還有一種類型，會在炸彈的頭部裝上攝影機，讓操作導引裝置的戰鬥人員可以一邊看影像，一邊使用導引電波控制飛彈，如 AGM-62 白眼魚 Walleye 飛彈等。

這種類型的飛彈，不只美國有，其他國家如俄羅斯、中國及其他先進國家都有配備這類型武器。例如俄國的 KB-500L 就是雷射導引炸彈，而 KAB-500Kr 則是 GPS 導引炸彈。

由於導引炸彈沒有推進裝置，所以執行任務的飛機必須飛到目標上空投射。但因為這樣的做法很危險，因此後來就發展出滑翔導引炸彈。在普通的炸彈上裝上折疊式彈翼，飛機在距離目標還有一段距離的高空上將炸彈投下，投下的炸彈其折疊的彈翼會打開，像滑翔機一樣朝著目標滑翔過去。

中國軍隊的100kg雷射導引炸彈。

中國軍隊的FT-2滑翔導引炸彈。

1-17

導引砲彈
——仍有價格過高的問題……

　　除了導引炸彈之外，也有在砲彈上裝上導引裝置的導引砲彈。其中有一種類型是一開始就決定設計成導引砲彈，也有一種是會在普通砲彈的引信部位裝入導引裝置的導引砲彈。

　　最初設計的導引砲彈中，最有名的是美國的 M712 銅斑蛇155 公釐導引砲彈。此砲彈是世界上最早被設計出來的導引砲彈，發射後其收納在砲彈本體的可動彈翼就會伸展出來。

　　由於導引砲彈是屬於雷射導引砲彈，因此觀測員只要在可看到敵人的位置，將雷射投射於敵方所在之處，導引砲彈就會改變方向至雷射指引的方位。

　　同樣地，俄羅斯也有 ZOF-39 152 公釐導引砲彈，中國則有GP-1 導引砲彈。

　　另外，也有使用雷射導引的迫擊砲彈，如俄羅斯的 KM-8GRAN 120 公釐迫擊砲彈，以及瑞典的林鷸（Strix）120 公釐迫擊砲彈等。

　　此外，也有使用 GPS 導引的砲彈。其中最具代表性的可說是美軍的 XM982 神劍 155 公釐導引砲彈。此砲彈發射後，收納在砲彈內部的可動彈翼會打開，調整至預先設定好的方向飛去。

　　雖然 GPS 導引沒有辦法追擊會移動的物品，不過此裝置的優點在於造價比雷射導引裝置便宜。

　　而 XM1156 精密導引套件，則是在普通砲彈的引信中裝上導引裝置，使用的是具有可動彈翼的導引裝置，現在歐洲各國也在開發相同的裝置。

雷射導引砲彈的概念圖

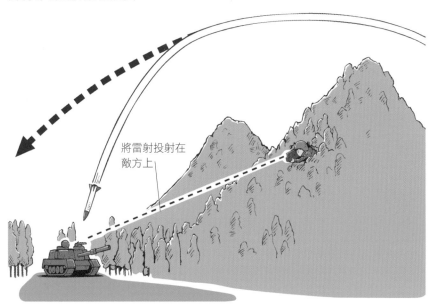

將雷射投射在
敵方上

觀測員在能觀察到敵方的位置，將雷射投射在目標上後，導引砲彈就會把飛行方向修
正成敵方的位置。

俄羅斯導引砲彈的導引裝置部分。

二戰後第一種日本國產的R30火箭

　　過去日本陸上自衛隊曾配備過名為R30（68式30型火箭榴彈）的地對地火箭，而現在已經沒有了。在1-08中也有稍微解說過，其外型雖然看起來像地對地飛彈，但實際上沒有導引裝置，只是一種大型火箭而已。

　　直徑30公分，一枚火箭的重量是573公斤，且光彈頭就重達227公斤，所以破壞力驚人。但射程只有28公里，且彈頭也不是核彈頭或集束炸彈，所以實際上發揮不了很大的作用。

　　或許，當時的美國及蘇聯（現在的俄國）正在開發各種地對地飛彈，所以日本也想做看看這類型武器，故藉著技術開發的名義「總之先做看看」，然後「反正都做出來了，就一路用到武器除役為止」。

R30是一種可以自走式的地對地火箭，是第二次世界大戰後第一種日本國產的地對地火箭。

導引方式

日本自衛隊的03式中程地對空飛彈系統中的雷達

2-01 線控導引
—— 發射器和飛彈之間有線連接著

　　早期的反戰車飛彈中，有很多是線控導引式的飛彈。飛彈和導引裝置之間，有很細的金屬線連接著。金屬線是纏繞在飛彈的尾部，當發射出去時，飛彈就是一邊飛行一邊把纏繞在上面的金屬線釋放出去。

　　從飛彈尾部的噴嘴中噴出來的火焰，會產生顯眼的紅色訊號，主要是為了讓操作導引系統的士兵方便辨識飛彈的所在，並且操作導引裝置上面的操縱桿來導引飛彈。這也是導引裝置最初的設計。以日本自衛隊的裝備來說，使用這種導引方式的裝備就是 64 式反戰車飛彈了。第四次中東戰爭 —— 贖罪日戰爭中，阿拉伯軍隊用來擊毀大量以色列戰車的俄羅斯製、代號「火泥箱」的飛彈，就是使用此種導引系統的飛彈。

　　更先進一點的飛彈導引方式，就是半自動指揮導引式。就算不用手去操作操縱桿，只要士兵把瞄準器持續對準正在移動中的敵方戰車，瞄準器的動作就會變成電子訊號傳送給飛彈。使用此類導引方式的飛彈中，最具代表性的有美國開發的 TOW 反戰車飛彈（日本自衛隊的 AH-1S 直升機也有使用此種飛彈）、龍式反戰車飛彈，以及日本的 79 式反戰車／反艦飛彈等。

　　另外，日本的 96 式多功能飛彈使用的不是金屬線，而是光纖來導引。使用光纖的好處是，可以將飛彈從敵人完全看不到的山的另外一側，導引過去攻擊。

　　但是，使用線控導引系統的飛彈，其有效距離取決於飛彈內的金屬線或光纖的長度，所以射程是有限的，僅能使用在如反戰車飛彈等的短射程飛彈。

搭載在日本陸上自衛隊AH-1S反戰車直升機上的TOW飛彈，也是線控導引。飛彈發射出去後，可以看到飛彈後方拖曳著細線飛行。

96式多功能飛彈是使用光纖的線控導引。

2-02

雷射導引
——發射位置和導引位置不同也沒關係

　　除了線控導引外，反戰車飛彈的導引系統也經常使用雷射導引，此外，有些短射程的空對地飛彈、地對空飛彈也會使用雷射導引系統。

　　雷射導引指的是，士兵朝著目標照射雷射，飛彈則朝著雷射光反射的方向（或是沿著雷射光束）飛行。也就是說，實際上只要士兵能位於看得到敵方的山丘上，即可朝著敵方發射雷射光線；而搭載飛彈的車輛或直升機等載具，則可在山的背面處發射飛彈。

　　著名的雷射導引式反戰車飛彈，則有美國的地獄火飛彈。日本陸上自衛隊的 AH-64 阿帕契戰鬥直升機以及海上自衛隊的 SH-60K 反潛直升機都有搭載美國的地獄火飛彈。

　　以海上自衛隊來說，地獄火飛彈就不是反戰車飛彈，而是把此飛彈當作是空對艦飛彈來使用；不過因為原本就不是很大的飛彈，所以對於艦艇的破壞力是有限的。但即使如此，瑞典還是把此飛彈當作地對艦飛彈，作為沿岸防衛之用。

　　除了美國地獄火飛彈外，其他雷射導引式反戰車飛彈還有俄國的 AT-9、日本的 87 式反戰車飛彈，以及中國的紅箭 8 反坦克導彈等。

　　美國短射程（20 公里左右）的 AGM-65 小牛空對地飛彈，使用的導引系統也是各式各樣，當然也有雷射導引。因為以反戰車飛彈來說，小牛飛彈算是大的，因此什麼戰車都可以破壞。而以對空飛彈而言，雷射導引算是少見的導引方式，不過還是有，英國的星紋單兵攜行式防空飛彈就是使用雷射導引的地對空飛彈。

日本自衛隊的87式反戰車飛彈就是使用雷射導引。

正在發射AGM-65小牛空對地飛彈的F-16戰鬥機。　　　　　　　　　照片來源：美國空軍

2-03　指揮導引與歸向（Homing）導引
──射程長的對空飛彈等會同時併用

　　指揮導引指的是像操縱遙控飛機一樣，把訊號送到飛彈來導引飛彈。2-01 中敘述的線控導引也可以說是指揮導引的一種。

　　歸向導引指的是飛彈本身就具有捕捉從目標發射出來的電波或紅外線的功能，並且會朝著該方向前進。響尾蛇空對空飛彈就是紅外線歸向導引飛彈，會朝著敵機引擎產生出來的紅外線（熱能）飛過去。這種朝著目標發出的電波或光線導引的方式，就稱為被動歸向。

　　相較於被動歸向，飛彈本身發射電波，朝著電波反射回來的方向飛行的方式，就稱為主動歸向。日本航空自衛隊所配備的麻雀空對空飛彈就是屬於這種類型。

　　相比之下，飛彈本身不發出電波，但是會根據地上或艦艇所發射的雷達波反射，並朝著反射回來的方向前進的方式，就稱為半主動歸向。鷹式地對空飛彈就是半主動歸向飛彈。

　　但飛彈鼻端所能裝載的雷達不大，因此沒有辦法找到遠方的目標。長距離飛彈經常使用的方式是「指揮導引飛彈到可以自己偵測到目標的距離」，愛國者地對空飛彈就是屬於此類型。

圖1 指揮導引的概念圖

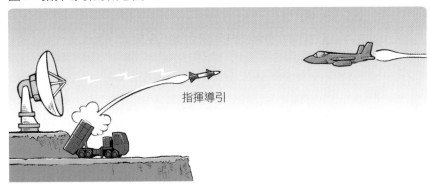

指揮導引

圖2 三種不同的歸向導引方式

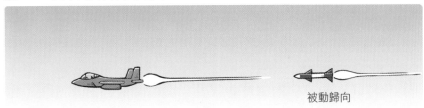

被動歸向

主動歸向

半主動歸向

2-04　影像導引
——用攝影機捕捉目標並朝著目標前進

在空中飛行的飛機，如果只是要捕捉從飛機引擎中發出來的熱或雷達電波的反射非常簡單，但是地面上的目標就很難用雷達捕捉到。「地面上突起來的物體是房屋嗎？是戰車？還是岩石？」

因此，在攻擊地面目標時，常使用的飛彈導引方式為影像導引。用攝影機捕捉目標，由人類來判斷「就是它！」之後導引飛彈攻擊目標。AGM-65 小牛空對地飛彈的初期型就是屬於此種類型。也有像日本的 96 式多功能飛彈，使用光纖來傳送指令的類型。

有時候影像導引的電波會因為中間的障礙物而被遮斷，如果是用光纖來傳導的話，則不需擔心電波障礙，可以從隱密的地方來導引飛彈。不過，飛彈的射程也會因為光纖的長度而有所限制。

由人類來分辨、引導的影像導引也是比較舊的方式了，最近已轉變成由飛彈本身記住目標的模樣，並以此模樣為目標來改變移動方向。雖然在一開始仍須由人類透過螢幕判斷「就是這個！」之後再讓飛彈記住此影像，但是只要完成前面的作業，飛彈一旦發射出去之後，人類就不再需要導引飛彈（Fire and Forget，射後不理），可以直接逃離現場。

反戰車飛彈中，美國的 FGM-148 標槍飛彈、日本的 01 式輕型反戰車飛彈；地對空飛彈中，日本的 91 式攜行式地對空飛彈；空對空飛彈中，俄國的 R-73 等飛彈都是屬於影像導引，可以射後不理的飛彈。不過雖然說是影像導引，但據說飛彈捕捉到的影像也只是模糊的影像而已。

日本自衛隊所使用的中距離多功能飛彈也是屬於影像導引的飛彈。

01式輕型反戰車飛彈。當決定「就是他了！」之後按下扳機，飛彈就會記住目標的外觀，朝著有該外觀的目標飛過去。

2-05

GPS導引
——原本是美軍專用的，但是……

　　GPS（Global Positioning System）指的是一種利用人造衛星傳來的電波，可以知道自己目前位於哪裡的系統。在高度 20,200 公里處，有 24 個衛星運作，在地表上接收電波的機器會進行一個複雜的運算：「在這一個時間內，哪一個衛星在哪一個位置，因此我的位置在這裡」。

　　在電腦尚未小型化之前，是無法做到的。大家應該都知道，現在車用導航以及各位智慧型手機裡的導航系統都是使用 GPS 定位的吧！

　　當然，因為這個系統只能導引飛彈到地球上的某一個位置，所以攻擊移動目標的飛彈無法使用 GPS 導引。

　　但是，比如反艦飛彈之類的長射程飛彈，因為飛行距離長，且飛彈可以偵測從目標發射出來的電波或是紅外線訊號，因此在飛彈還沒有辦法偵測這些訊號前，所使用的導引系統有時也是 GPS 導引系統。

　　不過，這原本是美軍專用的系統。我們只是擅自接收電波、擅自使用而已，萬一戰爭開打了，美軍非常可能會為了不讓敵方使用 GPS 訊號，而停止訊號的發送、抑或是改變訊號的發送方式，變成只有美軍的設備才能正確的定位也說不定。如果事態變成這樣，那麼我們什麼辦法都沒有。

　　因此，俄國為了不依賴美國的衛星，自行開發了俄國獨有的衛星定位系統，稱為格洛納斯系統（GLONASS），另外中國也開發了北斗衛星導航系統，歐盟 EU 則開發了伽利略定位系統（Galileo），這些系統也都已經上線運作中。

圖1　GPS衛星的概念圖

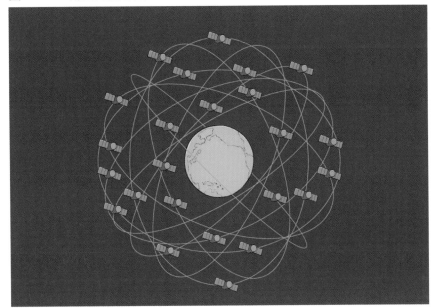

在高度20,200公里的軌道上，有24個衛星運作。

圖2　GPS系統的概念圖

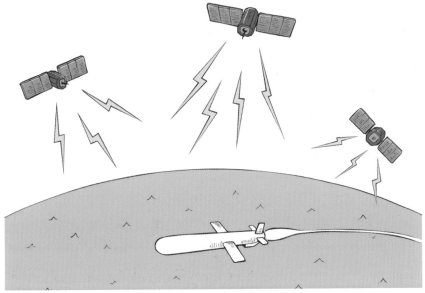

GPS是可以在瞬間完成「嗯⋯⋯這個時候那個衛星在那裡、這個衛星在這裡，然後另一個在那裡，所以我現在的位置是⋯⋯」等這種運算的系統。

2-06

慣性導引
——潛艦發射彈道飛彈的準確度低

當汽車往前開時，身體會往椅背貼；踩煞車時，身體則會往前傾，讀者們應該知道這就是慣性吧！而慣性導航系統就是利用這個特性，即使未從外部接收到任何的導引或位置情報，但利用慣性就能計算出目前的所在位置。

在 GPS 還沒有出現的時代，戰鬥機、民航飛機及潛艦中所使用的導航系統的主角，就是慣性導航系統。接著，彈道飛彈就算沒有從外部來的導引電波、或是可以導引到目標的其他情報，光靠飛彈內部的計算就可以知道現在的位置，這就是慣性導引。且因為 GPS 訊號無法傳到水下，所以對潛艦來說，慣性導航系統是非常重要的系統。

但是，慣性導航系統對於飛機等加速迅速的載具來說，精準度非常準確，但如果是使用在像船這樣加速緩慢的載具上，精準度就會下降了。因此，即使飛機和船使用的是具備同樣精準度的慣性導航裝置，但和飛機相比，船的所在位置誤差就大很多。

因此，從以前到現在，只要是從潛艦發射出來的彈道飛彈，因為發射時潛艦本身的位置就已經有誤差，因此雖然具備可以準確攻擊都市的精準度，但卻無法準確攻擊敵方基地。特別是中國的核子潛艦，常被認為「誤差是不是很大？」。

但即便 GPS 訊號無法傳送到水面下，潛艦只要在飛彈發射前，浮到可以把天線伸出水面的深度，一來不但可以正確接收到 GPS 訊號；二來飛彈發射之後，潛艦也可以持續接收 GPS 訊號來修正飛彈的飛行位置，好讓飛彈飛在正確的彈道上。

民航客機中，波音747一開始就是使用慣性導航系統。照片是日本的政府專機。

2004年，中國的漢級核子潛艦侵入了日本領海；但還有另一種可能性，搞不好其實是「中國製造的慣性導航裝置精度很差，所以沒有辦法掌握正確的位置」也說不定。　照片來源：**美國海軍**

2-07 地形比對導引系統（TERCOM）
——巡弋飛彈的基本導引方式

　　GPS 是在 1990 年代之後才普及化，在這之前「戰斧」（初期型）巡弋飛彈彈體中是沒有 GPS 導引裝置的，因此當時是併用慣性導引系統及地形比對導引系統。

　　所謂的地形比對導引，指的是利用雷達高度計（一種對地雷達）來讀取地面上的凹凸。接著再把這些資料比對之前已經輸入在系統中的，到目標為止的地表資料，藉此來確認目前的所在位置。

　　換言之，在發射巡弋飛彈之前，必須要知道敵國正確的地形，例如山丘的位置或是較高建築物的位置等。因此，在和平的時期，就要先設想好「未來可能會在這邊使用巡弋飛彈」的地區（如果是美軍的話，可能是全世界），並事先把地表的起伏資料數位化。

　　如此一來，巡弋飛彈才可以在雷達幾乎無法偵測到、數十公尺高的超低空，一邊避開高山或較高的建築物飛行。

　　但是，當巡弋飛彈飛在平緩的地形如沙漠或海上時，有時候飛彈會因為風而偏離方向（因為巡弋飛彈長得就像是小型飛機），由於這類地形及海面沒有凹凸形狀可以比對，因此這邊會使用慣性導引系統來補足不足之處。

　　而現在，因為已經可以透過 GPS 得知正確的位置，所以巡弋飛彈還是會在雷達無法偵測的超低空飛行。但即使是「使用 GPS 就可以知道正確的位置」，如果不知道那個位置有無山丘或是建築物，還是會撞上去，因此地形比對系統還是屬於不可或缺的系統。

圖1　地形比對系統的概念圖

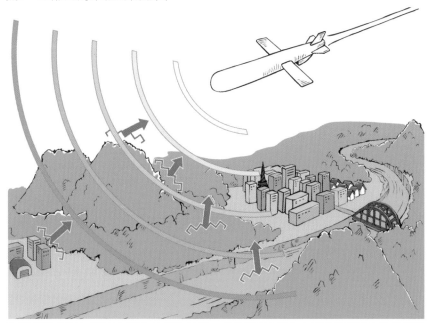

使用雷達高度計（對地雷達）來讀取地形，並比對原本輸入在飛彈記憶體中的地形資料，藉此分辨目前的所在位置。

圖2　法國空射ASMP核彈的概念圖

法國所擁有的唯一空射ASMP（Air-Sol Moyenne Portée）核彈所使用的導航系統，也有地形比對導引系統。

北韓的「大浦洞飛彈」

　　筆者在前面有提到，在電視上播映的新聞等大眾媒體把北韓代號「大浦洞」的飛彈稱為「真實的彈道飛彈」。筆者曾經說過：「那個火箭鼻端裡面，真的裝載著像是玩具般劣質的衛星嗎？」但實際上，2012年12月，筆者還在撰寫原稿的時候，2016年2月發射上去的大浦洞飛彈，的確是有將衛星放置在軌道上面，不過好像沒有任何作用的樣子。

　　不過呢，**彈道飛彈和衛星運載火箭基本上是一樣的東西**，世界上也有很多國家是使用彈道飛彈來將人造衛星發射到外太空。

　　如果我說大浦洞是「真實的彈道飛彈」，那麼全世界的衛星運載火箭就都是真實的彈道飛彈了，而且和大浦洞比起來，**日本的艾普斯龍Epsilon運載火箭的性質更像彈道飛彈**。

　　筆者不是要幫北韓講話，但是對於「真實的彈道飛彈」這種說法，筆者認為這裡頭帶著一股試圖要操作輿論的惡意，所以才要特別說明。

推進方式

德國所開發的V2火箭的引擎。

3-01 液態燃料火箭
——H-2火箭使用的液態氧及液態氫

　　日本的 H-2 火箭是使用液態氫當作燃料，液態氧則當作氧化劑。這種搭配的優點是推力很大，但是液態氧在溫度超過 -183℃、液態氫在溫度超過 -253℃時，就會蒸發。

　　總而言之，因為無法直接將燃料倒入火箭中保存，所以只能在發射前加入到火箭內，但是即使加入火箭裡，也會一點一滴地蒸發掉。因此，必須在加入燃料之後馬上發射才行。以軍用飛彈來說，非常不方便。

　　因此，目前已經開發出幾種可以在常溫下保存的燃料。以燃料來說，較具代表的有聯氨 N_2H_4 及有機化合物偏二甲肼（CH_3）$_2$-N-NH_2 等；以氧化劑來說，較具代表性的則有硝酸 HNO_3，或是在硝酸裡面加進四氧化二氮 N_2O_4 的紅發煙硝酸等。

　　聯氨系列的燃料毒性強，所以常會看到工作人員在處理聯氨時，穿著讓人懷疑「是不是在處理毒氣啊？」的防護衣。

　　硝酸是無色透明的，四氧化二氮則是黃色的液體。之所以會稱為紅發煙硝酸，是因為當溫度超過 21℃時就會變成二氧化氮，產生紅褐色煙霧（蒸汽）的緣故。紅發煙硝酸擁有強烈的腐蝕能力，因此會裝在不鏽鋼的容器，並在內部塗上防腐蝕的塗料防止腐蝕。另外，為了加強儲藏性，會在紅發煙硝酸中加入 0.6% 左右的氟化氫，而添加後的紅發煙硝酸則稱為抑制紅發煙硝酸。

　　以上所提到的燃料與氧化劑的組合，即使不特別點火，把這些物質送進去燃燒室裡混合也會開始燃燒，而這些燃料就稱為自燃推進劑。

H-2火箭使用的是液態氧和液態氫,以飛彈來說完全不實用。

3-02 | 固體燃料火箭
—— 由充填的燃料形狀來決定燃燒狀態

　　無導引的火箭於數百年前便已經存在，它就是使用黑色火藥的固體燃料火箭。只不過現在已經是連飛彈都配有導引裝置的時代，如同發射槍砲所使用的火藥改成無煙火藥一樣，固體燃料火箭也都進而使用硝化纖維。

　　所謂的硝化纖維，指的是用硝酸去處理像是棉等植物纖維製造出來的物質。現代槍砲彈藥中，負責爆炸之後讓彈頭飛出去的無煙火藥，主成分也是硝化纖維。但是，使用無煙火藥固體燃料的火箭，無法製成大型飛彈。

　　因此，初期的彈道飛彈所使用的是液態燃料，只是它具有毒性，且引火性強，一旦燃料外洩就會引起各種事故，所以有諸多不便之處。

　　不過，若在合成橡膠中加入氧化劑，如過氯酸銨或硝酸銨，就可以自由地成型並充填在火箭內部。當這種技術出現後，即使像是 ICBM 一樣的大型飛彈，也可以做出其需要的固體燃料。

　　尤其是，假設是同等大小的火箭，液態燃料的推力會比固體燃料要容易獲得，所以俄羅斯還是相當堅持要使用液態燃料（或者是說製造固體燃料火箭時，技術上出了些問題），因此俄羅斯的彈道飛彈所使用的燃料，從液態燃料轉換成固體燃料的時間比美國晚。不過，現在俄羅斯的彈道飛彈也是使用固體燃料。

　　液態燃料是透過閥門的開關來調整燃料的流量，但固體燃料無法使用這種調整方式。因此，推進力的調整，是透過改變飛彈內部固體燃料的填充形狀來調整。

固體燃料火箭的燃料形狀所產生的燃燒特性

(a)

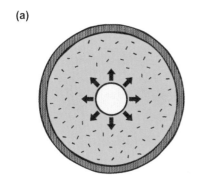

(a)的形狀會讓燃料燃燒時，燃燒面積逐漸增加，因此會慢慢地開始加速。

(b)

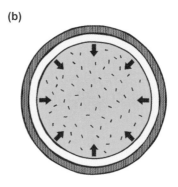

(b)的形狀會讓燃料燃燒時，燃燒面積逐漸減少，因此加速會逐漸減弱。

(c)

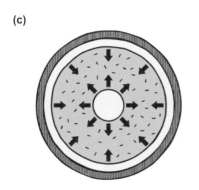

(c)的形狀是組合了(a)和(b)，因此會以均等的速度燃燒。

(d)

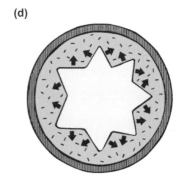

(d)的形狀是一開始燃燒面積大，而且愈燃燒，燃燒面積愈增加，因此最適合使用在需要短時間急速加速的火箭。

除此之外，為了取得最理想、最適合的燃燒特性，研發人員也花了不少心思在發想各種不同的形狀。

3-03

噴射引擎
——戰斧飛彈的引擎屬於渦輪扇噴射引擎

　　一般讀者們只要聽到「飛彈」二字，通常都會認為是使用火箭推進吧！不過，巡弋飛彈就是使用噴射引擎。雖然火箭推進器可以在短時間內輸出非常大的推力，但其實這是一種非常浪費、又非常佔體積的推進裝置。

　　巡弋飛彈裡最具代表性的，就是戰斧飛彈。戰斧飛彈直徑52公分、長6.25公尺、重達1,450公斤，彈頭重量454公斤，射程超過2,000公里以上。尺寸類似的地對地飛彈，為俄羅斯的FROG-7飛彈，彈頭重量450公斤、直徑54公分，長度比戰斧飛彈長，為9.1公尺，重量也高達2,500公斤左右，但是射程卻只有70公里而已。

　　假設現在要造一個巡弋飛彈，得把450公斤左右的彈頭發射至距離超過2,000公里的位置，那這個飛彈的重量大概會高達數十噸、直徑1.5公尺、長10公尺左右吧！飛彈如此巨大，結果整體結構幾乎全部都是燃料槽。火箭推進器的燃料費就是如此驚人。

　　戰斧飛彈使用的引擎是渦輪扇噴射引擎。若從前面看民航機的引擎，就會看到引擎裡有個巨大的風扇在轉。戰斧飛彈所使用的引擎是民航機引擎的縮小版，因此，戰斧飛彈的飛行速度也跟民航機一樣，是時速880公里左右。也因為如此，一旦被發現，就有可能會被戰鬥機擊落。

　　所以為了不被雷達偵測到，巡弋飛彈會沿著地形進行超低空飛行。因此，要讓巡弋飛彈可以正確地朝著目標飛行，要事先掌握到目標為止的地形、製成準確的地圖，並設定好避開高山及建築物的飛行路線。

一般渦輪扇噴射引擎的構造圖

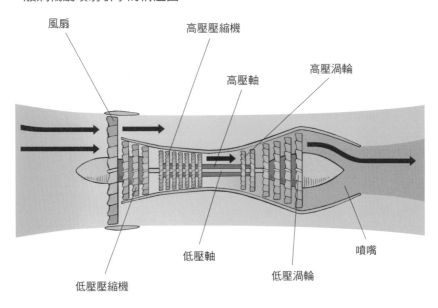

民航機所使用的渦輪扇噴射引擎。巡弋飛彈所使用的就是這個縮小版,而且是裝在飛彈裡面。因此,巡弋飛彈的引擎造價非常昂貴。

3-04 渦輪噴射引擎
——大部分的反艦飛彈都使用渦輪噴射引擎

所謂的渦輪噴射引擎，指的是初期噴射機使用的引擎，因為裡面沒有風扇，所以直徑較小，燃燒效率也不好；但是跟火箭推進器比起來，效率還是好很多，因此在設計上會儘量縮小直徑。另外，在設計反艦飛彈時，為了要增加射程，大多也會使用渦輪噴射引擎。

如右圖所示，渦輪噴射引擎吸入空氣的地方有一具壓縮機。裡面有好幾層的風扇，風扇旋轉之後會壓縮空氣，再把壓縮的空氣送入燃燒室。空氣被壓縮後，溫度也會上升，此時加入燃料使其燃燒，就會像火箭推進器一樣噴出高熱氣體，變成推力。部分噴出的氣體會碰到名為渦輪的風車，而變成扭力（Torque），藉此來轉動吸入空氣的壓縮機。

而渦輪螺旋槳引擎，比起噴出氣體來推動飛機，更著重於將力量轉變為轉動渦輪的扭力，除了使渦輪運轉，更要轉動螺旋槳。現在的螺旋槳民航機幾乎都是使用渦輪螺旋槳引擎，但我還沒見過使用渦輪螺旋槳的飛彈。

和螺旋槳不同，渦輪扇噴射引擎是裝了很多風扇的引擎，現在大部分的民航機都是使用此種引擎。雖然飛行速度比音速慢，但最適合用來飛行。

只不過，把這種結構複雜（且高價）的引擎用在用過即丟的飛彈上，難免會有一種浪費的感覺。因此，就開發出下一節要介紹的衝壓引擎。

一般渦輪噴射引擎的構造圖

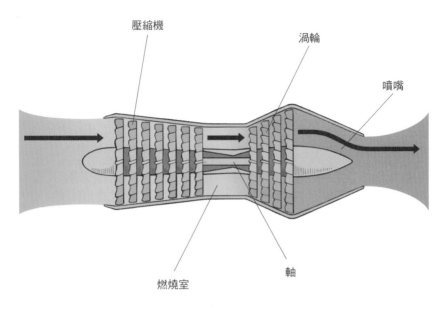

米格15戰鬥機。這種舊式噴射戰鬥機所使用的就是渦輪噴射引擎。

3-05

衝壓引擎
──無法單憑引擎本身發射

　　渦輪噴射引擎、或加上風扇的渦輪扇噴射引擎，都是利用轉動壓縮機來吸入空氣，因此，只要將原本作為推力的燃燒氣體用來轉動渦輪，就可以獲得扭力。但這樣的設計，不僅會使整個構造複雜化，實際上轉動壓縮機所需的能量，也會比單純的推力要來得多。由此可見，雖然「比火箭推進器好」，但也不見得是效率好的引擎。

　　不過，如果把進氣口設計成如右圖，並將擁有該引擎的飛彈像子彈一樣發射出去的話，可以看到，由於右圖的進氣口設計較狹窄，因此當空氣進入進氣口時會被壓縮，接著只要將燃料送進去，噴出來的燃燒氣體就會變成推力。此種構造簡單，以用過即丟的飛彈而言，是最適合的吧！這個就是衝壓引擎。但由於衝壓引擎無法在停止的狀態下發動，所以必須先藉由某個裝置，讓裝載該引擎的飛彈像子彈高速地發射出去，利用此動作讓空氣進入衝壓引擎的進氣口，使引擎發動。所以裝載衝壓引擎的飛彈，會像是兩段式飛彈一樣，在一開始發射時必須要先用火箭加力器把飛彈射出去才行。

　　不過，以現實面來說，不管是使用噴射引擎的飛彈或是渦輪扇噴射引擎的飛彈，其實都不是單靠引擎本身的動力發射（如果只靠飛彈上的引擎發射，在速度出來之前就會掉落到地面或海上），而是都會使用加力器；只是相較於使用其他引擎的飛彈，使用衝壓引擎的飛彈必須更高速地把飛彈推出去。

衝壓引擎的構造圖

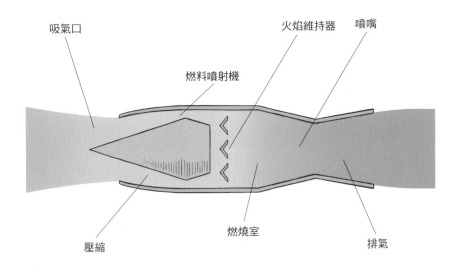

吸氣口

燃料噴射機

火焰維持器　噴嘴

壓縮

燃燒室

排氣

俄羅斯和印度共同開發的布拉莫斯飛彈。會以3馬赫的速度飛行，是使用衝壓引擎的飛彈。

3-06 脈衝噴射引擎
——現今已經沒有飛彈在使用的引擎

　　德國的 V1 火箭，應該可以說是「世界上第一枚巡弋飛彈」，當年使用的引擎就是脈衝噴射引擎。雖然目前已經沒有飛彈在使用，不過由於該款引擎具有歷史上的意義，在本節裡還是稍作介紹。

　　這一款引擎的進氣口上雖然有一個可以開關的蓋子，但無法靠自己的力量發動，必須依靠某個裝置把飛彈發射出去才行。當飛彈發射出去，空氣就會進入到進氣口內。

　　此時把燃料送進去並點火，空氣和燃料就會開始燃燒，產生壓力。此時的壓力會推擠進氣口的蓋子，使進氣口關閉，於是燃燒氣體的壓力便只能往後方噴射，進而變成飛彈的推力。

　　但下一個瞬間，因為沒有空氣進入，所以燃燒會停止；引擎中的壓力變小，進氣口的蓋子便會打開；空氣進來後重新對燃料點火，壓力上升，蓋子就會再次關閉，燃燒氣體便繼續往後噴射變成推力。

　　因此，雖然這一款引擎是噴射引擎，但卻會像螺旋槳引擎一樣，發出「啪啪啪啪啪啪啪啪啪」的聲音（每秒大概 45 次）。

　　世上第一枚巡弋飛彈 V1，它的飛行模式並非如現代巡弋飛彈般採超低空飛行，而是和一般飛機一樣在約 3,000 公尺的高空中，以時速 600 公里左右飛行，因此很容易被偵測到。有時候也會被高射砲或戰鬥機擊落。此外，另一個常見的例子，就是戰鬥機會慢慢地靠近，在機翼快要碰觸到飛彈的時候，即可擾亂飛彈的飛行方向，使飛彈掉落下來。

脈衝噴射引擎的構造

① 用彈射器或是加力器把飛彈發射出去之後，空氣就會進到引擎內。

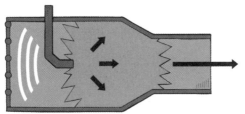

② 此時加入燃料點火，燃燒氣體的壓力就會使進氣口關閉，燃燒氣體便會往後方噴射出去變成推力。

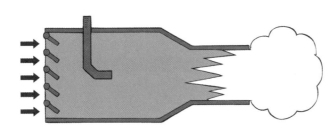

③ 噴射結束之後，壓力下降，進氣口就會打開，此時空氣就會進到引擎內。這一個流程會在一秒內重複數十次。

德國的V1火箭。裝載在He111轟炸機上，屬於空中發射型。但是此計劃並沒有成功。

照片來源：美國空軍

3-07 導管火箭引擎
——吸入空氣而飛行的火箭？

　　所謂的導管火箭引擎，指的是衝壓引擎和固體燃料火箭的中間產物。換言之，就是「使用固體燃料的衝壓引擎」吧！

　　火箭的固體燃料中含有氧化劑。雖然使用固體燃料的火箭能在沒有空氣的地方飛行，但如果是在空氣中飛行，便能從空氣中吸取氧氣。因此，原本是為了讓燃料燃燒而加入的氧化劑，就會變成多餘的體積和體重。

　　另外，導管火箭引擎的固體燃料中只含有一丁點的氧化劑。因此，燃燒氣體中會因為氧氣不足，含有很多無法燃燒的燃燒成分。

　　如此一來，就要把空氣（空氣中的氧氣）送進去，使其完全燃燒。藉此做法，讓即使是普通的固體燃料火箭，也可以延長射程。

　　因為是固體燃料火箭，所以和使用液體燃料的衝壓引擎相比，固體燃料火箭的構造較為簡單，也可以降低花費。另外，使用單純的固體燃料的火箭，雖然在飛行中很難控制燃燒狀態，但因為導管火箭引擎的空氣以及混合前的燃燒氣體都是一種氣體燃料，所以可以利用閥的開關來控制。

　　使用這種引擎的飛彈，目前有由歐洲六國共同開發出來的流星空對空飛彈。同一尺寸為前提下，單純的固體燃料火箭只能有大概 50 公里左右的射程，但流星飛彈卻可以飛 100 公里以上。

　　為了能趕上這種引擎的科技，日本現在也正在研究導管火箭引擎。

使用導管火箭引擎的流星AAM

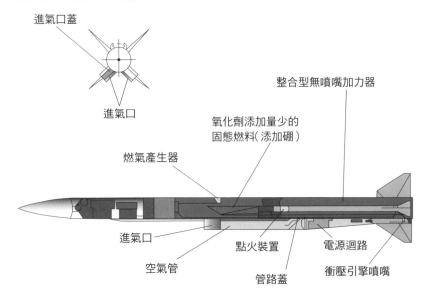

進氣口蓋

進氣口

整合型無噴嘴加力器

氧化劑添加量少的
固態燃料（添加硼）

燃氣產生器

進氣口

點火裝置

電源迴路

空氣管

管路蓋

衝壓引擎噴嘴

歐洲各國的戰鬥機如颱風戰鬥機、飆風戰鬥機以及JAS 39獅鷲戰鬥機等都有搭載流星
飛彈。照片是搭載流星飛彈的獅鷲戰鬥機。
©Saab AB（Stefan Kalm）

俄羅斯飛彈的北約代號

　　對施行共產主義的蘇聯而言，任何事都得保密到家，當然飛彈的名稱也是一個祕密。因此NATO便自行命名蘇聯的飛彈，這就是所謂的北約代號（NATO reporting name）。

　　以蘇聯的S-125涅瓦河地對空飛彈為例，在決定北約代號時，因為是地對空飛彈，所以稱之為SA；另外此飛彈是當時第三種發現的飛彈，所以將它編號為SA-3，再加上藏原羚（Goa）的代號，S-125涅瓦河在歐美的出版品中就被稱為「SA-3藏原羚」。

　　蘇聯瓦解後，俄羅斯便開始公布飛彈的名稱。不過對於像筆者這樣在冷戰時期很認真工作的人來說，即使到了現在還是習慣使用北約代號的名稱。

照片是SA-3藏原羚地對空飛彈。1999年在南斯拉夫擊落了美國F-117夜鷹匿蹤戰鬥攻擊機。

彈頭系統

FROG-7地對地飛彈已經是舊式飛彈,但是目前北韓仍在使用,照片為裝上化學武器彈頭的FROG-7地對地飛彈。

4-01

榴彈
——像「石榴」一樣飛散，所以稱為榴彈

　　飛彈中，會爆炸、對敵方產生傷害的部分稱為彈頭。實際上，飛彈頭部裡有著很多裝置，例如導引系統用的感測器或雷達等，所以爆炸位置不在飛彈頭部的飛彈也不在少數。不過即使如此，在專門術語上還是會將其稱為彈頭（Warhead）。另外，砲彈、炸彈及飛彈中所填裝的爆炸物則稱為炸藥。

　　所謂的榴彈，是一種純粹使用炸藥其爆炸力來破壞目標而製成的彈頭。雖然說「單純是使用炸藥的爆炸力」，但實際上飛彈爆炸後，飛彈本體也會變成數千片不等、大小不一的碎片，這些碎片也會對目標造成相當大的傷害。

　　而這些碎片飛散的樣子，「就像是石榴籽彈射出來一樣」，所以才被稱為榴彈。

　　還在使用圓形砲彈的年代，這種會爆炸、破片飛散的榴彈，在法國稱為「石榴彈」；不過英文的話則是用 High Explosive（HE），也就是高爆炸藥來稱呼榴彈。

　　為了提高碎片的殺傷效果，除了飛彈本身被炸毀變成碎片之外，有的還會在炸藥內放入各式各樣會隨著爆炸四處飛散的金屬破片，如大量的鐵球、爪形金屬，抑或是較短的棒狀金屬等。

　　如前言所述，事先設計好碎片的大小以及形狀（也可以說是子彈），填入榴彈之後的成品就稱為調整式破片榴彈。這些榴彈不僅能使用於地面上的目標，有些空對空飛彈的彈頭也會使用。

榴彈概念圖

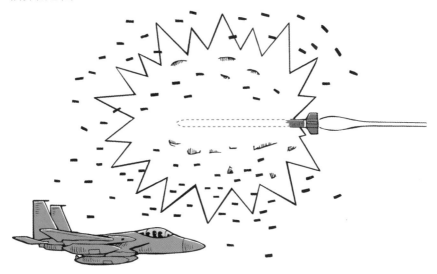

榴彈爆炸的時候，不是只有榴彈本體會變成碎片，事先放置在裡面的鐵球等各式各樣形狀的金屬塊也會跟著噴發出來，提高殺傷力。因此即使飛彈沒有直接命中目標，也會給目標帶來傷害。

空對空飛彈的內部，也有向敵機方向灑出大量金屬圓柱體的構造。

4-02

反戰車榴彈
——也可稱為成型裝藥彈或錐孔裝藥彈

　　反戰車榴彈如圖 1，指的是在飛彈彈頭的炸藥部位，設置一個圓錐狀空間的榴彈。設置這個空間後，雖然爆炸能量會自然而然地向四面八方擴散，但約有 20% 左右的爆炸能量會如同用放大鏡集中光源般，聚焦在前方的一個點上。因此，就算是戰車上的堅固裝甲，反戰車榴彈也可以在上面開洞。此效應稱為門羅效應，或是諾伊曼效應。

　　不過，即便是直徑 100 公釐左右的彈頭爆炸，頂多只能開一個像鉛筆戳一下大小般的洞，而且隨著打中的位置不同，有時也會出現「開了洞，但戰車還是可以運作」的情況。雖然如此，但因為打洞時會往戰車內噴入高熱的氣體，所以在戰車內部幾乎會引起火災。

　　此種武器的設計，目的在於攻擊戰車等裝甲堅硬的目標，所以才稱為反戰車榴彈。不過因為裡面的炸藥成圓錐狀，所以有成型裝藥彈，或者因為以開孔為目的，有錐孔裝藥彈的別名。

　　另外，還有一種多功能榴彈，其主要目的依然是在戰車等目標上面打出一個洞，但是為了能有上一節提及的碎片殺傷力，因此會增加彈殼厚度，讓榴彈爆炸時也能產生適當大小的碎片來攻擊敵方士兵。

　　門羅效應指的是爆炸能量像是用放大鏡集中光源的效應，因此當焦點失焦時（超過彈頭直徑 5~8 倍時），貫穿力道就會變弱。因此，只要在裝甲板裡面（或外面）距離數十公分的地方，設置一片鐵板，讓裝甲變成雙層裝甲（中空裝甲），就能有效減弱反戰車榴彈的攻擊力。

圖1　64式反戰車飛彈的剖面圖

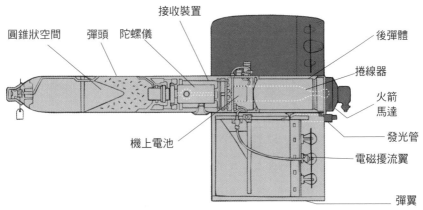

接收裝置

圓錐狀空間　彈頭　陀螺儀

後彈體

捲線器

火箭
馬達

發光管

機上電池

電磁擾流翼

彈翼

如圖所示，反戰車榴彈在炸藥部位中有一個圓錐狀的空間。

圖2　穿孔榴彈無法有效打擊雙層裝甲

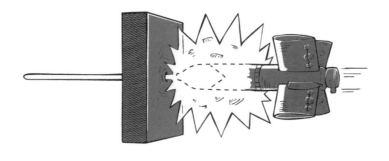

雙層裝甲

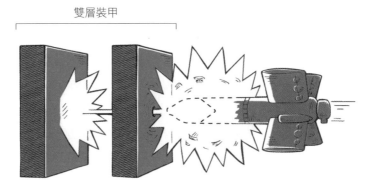

當錐孔裝藥彈爆炸時，爆炸能量會集中在一點上，因此遇到厚度再厚的單層裝甲也能
打出一個宛如融化般的洞；但是遇到雙層裝甲時，威力就會變弱。

4-03 自鍛破片彈
——做出彈丸，並發射出去的彈藥

　　所謂的自鍛破片彈，也可以說是「一種成型裝藥彈」，但這和追求門羅效應，在頭部配置一個圓錐狀空間的反戰車榴彈不同。自鍛破片彈是在頭部裝置一個淺碟子狀的金屬板。

　　當炸藥引爆的時候，這一個金屬襯墊會像圖 1 般的變形，變成一個秒速 2,500 到 3,000 公尺的彈丸（爆炸成形穿透彈 =Explosively Formed Penetrator=EFP）。雖然和門羅效應所產生，秒速 8,000 公尺左右的噴流比起來，彈丸的速度明顯慢了許多。其不同之處在於，這一個爆炸成形穿透彈是固體的金屬。

　　門羅效應如果不是在最佳距離爆炸的話，就不會有效果。自鍛破片彈則不是，自鍛破片彈的貫穿力可以讓爆炸成形穿透彈飛行彈頭直徑數百倍到一千倍以上不等的距離，而且還能持續地保有貫穿力，因此自鍛破片彈也可以有效打擊中空裝甲。

　　不過，就算沒有用飛彈或是砲彈直接命中目標，單純只把自鍛破片彈當作是陷阱炸彈設置在敵方車輛會經過的道路旁，炸彈爆炸時一樣也可以貫穿敵方車輛。

　　但是，和反戰車榴彈的門羅效應所產生出來，有著彈頭直徑 5 倍到 8 倍的貫穿力相比，自鍛破片彈所產生出來的貫穿力只有和彈頭直徑差不多而已。因此直接拿自鍛破片彈攻擊敵方戰車正面裝甲時，貫穿力是不夠的。也因此，使用自鍛破片彈時，會瞄準戰車上方裝甲較薄的部分。這一種攻擊方式稱為頂部攻擊（圖 2）。

　　例如 CBU-97 集束炸彈中的 BLU-108 子彈就是使用這一種攻擊方式。這一種子彈不是命中目標之後爆炸，而是在空中偵測車輛引擎發出來的熱能，或是偵測車輛的形狀之後，再往那個方向發射。

圖1　自鍛破片彈的構造

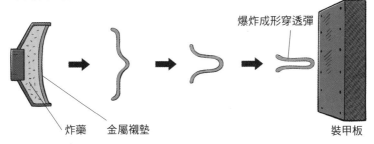

爆炸成形穿透彈

炸藥　金屬襯墊

裝甲板

圖2　由集束炸彈所進行的頂部攻擊

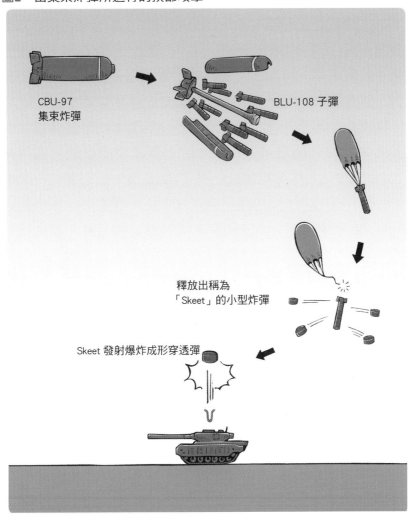

CBU-97
集束炸彈

BLU-108 子彈

釋放出稱為
「Skeet」的小型炸彈

Skeet 發射爆炸成形穿透彈

瞄準裝甲薄弱的戰車上方。

4-04

集束炸彈
—— 只要變成子母彈，什麼都是集束炸彈

所謂的集束炸彈，指的是該彈頭裡面裝有很多子彈的炸彈。不過，像是調整破片榴彈般，只是爆炸出很多不會爆炸的碎片，便不屬於集束炸彈。集束炸彈爆炸之後發散出來的，都是會爆炸的子彈。不只限於裝在飛彈上面才能稱為集束炸彈，飛機在空中丟下的炸彈或是從野戰砲發射出來的砲彈，甚至是在目標上方爆炸發射出藏在彈頭內部子彈的武器，都屬於集束炸彈。如果以飛機丟下的集束炸彈來說，從第二次世界大戰就已經開始使用集束炸彈，並在後來研發出各式各樣的集束炸彈，並使用至今。

以現代的地對地戰術飛彈來說，搭載集束炸彈彈頭的飛彈中，最具代表性的就是美國的 M270 多管火箭系統上面所搭載的 M26 火箭彈。此火箭彈是在射程 32 公里的火箭彈中，裝載了 644 枚 M77 子彈，可以制壓 200X100 公尺的區域。俄羅斯則是有一個 12 聯裝的 300 公釐多管火箭系統，稱為 BM-30。此系統中所使用的火箭彈可以裝載各式各樣的彈頭，當然也可以裝載內藏有 72 枚 1.75 公斤子彈的 9M55K 集束炸彈。

中國也參考這一款武器，獨自開發、配備 03 式 300 公釐 12 聯裝多管火箭。另外，目前也正在開發出口用，可以搭載集束彈頭的各種地對地火箭系統。例如土耳其軍隊所配備的 302 公釐四聯裝多管火箭，稱為 T-300，就是由中國授權生產的 WS-1 武器，T-300 的集束炸彈中裝有 475 枚 221 克的子彈。雖然現在有多數國家已經簽署了集束彈藥公約，但是集束炸彈仍然在世界中擴散開來。

中國軍隊所配備的03式300公釐多管火箭。每一枚火箭彈裡面都裝有可以發射623個子彈的集束炸彈。

集束炸彈的概念圖

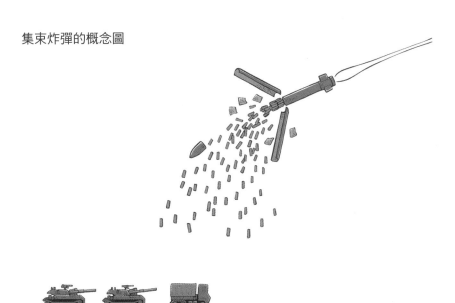

集束炸彈指的是，一枚彈頭裡面裝有大量會爆炸的子彈的武器。

4-05 熱壓彈
——威力大約是普通炸藥的十倍左右

　　提到炸藥，應該都會認為炸藥裡面擁有著非常強大的能量。把相同重量的三硝基甲苯（也就是俗稱的 TNT，Trinitrotoluene）爆炸之後所產生的能量，與汽油或是丙烷燃燒後所產生的能量相比較之後就會發現，汽油或是丙烷所釋放出來的能量約是炸藥的十倍以上，非常驚人。

　　但是，燃燒汽油或是丙烷並無法擊碎岩石，炸藥卻可以。用肉眼來觀察的話，會覺得炸藥的爆炸和瓦斯爆炸看起來都是相同的「爆炸」，但實際上炸藥爆炸時的反應時間僅有萬分之一秒，而瓦斯爆炸時的反應時間卻是十幾分之一秒，因此帶給物件的衝擊速度，其差距非常大。

　　如果現在不是要破壞敵方戰車或是陣地，而是要攻擊普通的建築物，或是沒有進到堅固坑道內，位於地面上的士兵的話，使用瓦斯爆炸最具效果。

　　因此要準備的不是炸藥，而是——比如說環氧乙烷、環氧丙烷或是金屬鎂或鋁的粉末的可燃物質，然後將這些可燃物質撒在空氣中，適度地與空氣混合，再使用少量的炸藥來點火，即可做出如同瓦斯爆炸般的炸彈。這種武器就稱為空爆燃燒炸彈或是熱壓彈。

　　不過，雖然熱壓彈是指安裝在由飛機投下的炸彈，或是無導引的火箭彈，但在狹義的「導引飛彈」上，倒是未曾看過搭載這種彈頭的飛彈。那是為什麼呢？因為熱壓彈的使用目的在於攻擊廣大範圍的軟目標，並不要求精度。

中國的CS/BFF型空爆燃燒彈（250公斤）。

4-06 化學彈頭
——雖說是毒氣，但其實是液體

　　所謂的化學彈頭，簡言之就是毒氣彈。雖然說是「毒氣」，但實際上，作為兵器來使用的有毒化學藥劑在常溫的時候都是液體。使用方式就是讓這些液體在敵方的頭上變成霧狀灑出去而已。在第一次世界大戰初期出現的化學武器，就是使用讓氣體隨著空氣流動來散佈的氯氣瓦斯，不過現在已經不會採取這種沒有效率的攻擊方式了。特別是飛彈，會使用價格高昂，彈頭裡面能夠裝載重量非常輕，卻極具殺傷力的毒氣，如沙林毒氣或是 VX 毒氣等。

　　雖然如此，在第一次世界大戰使用毒氣的結果是，「雙方各自使用毒氣攻擊對方，反而會干擾到雙方的作戰」，這樣的認知逐漸地散播到其他國家。因此到了第二次世界大戰，再也沒有國家使用毒氣攻擊。

　　偶而會在新聞中看到使用毒氣攻擊的戰鬥，其攻擊對象是如反政府組織等游擊隊，因為就算是用毒氣攻擊他們，也不怕會被用毒氣反擊。這種情況下，不需要用到如飛彈等昂貴的系統來攻擊，最有效率的方式是只要駕著飛機，像灑農藥一樣把毒氣散佈出去即可。

　　伊拉克的前總統海珊在鎮壓庫德族時曾經使用過毒氣攻擊，但在波斯灣戰爭時卻沒有使用毒氣攻擊，大概是擔心「敵方會不會把毒氣塞在飛毛腿飛彈裡面射過來？」吧！因為那時伊拉克所面對的敵國是擁有現代武器的國家，或許會害怕敵對國的報復行為吧！現在除了北韓之外，世界上大部分的國家都簽署禁止化學武器公約，所以幾乎都沒有配備化學武器。

各種毒氣的特徵

	名稱（記號）	在20℃時的狀態	味道	半數致死量（mg/m³/分）註
糜爛性毒劑	芥子毒氣（HD）	無色或是呈淡黃色的液體	大蒜臭味	1,500
	氮芥子毒氣（HN）	深色液體	魚腥味或是霉味	1,500
	路易氏劑（L）	褐色到黑色油狀液體	天竺葵花的味道	1,200
	光氣　（CX）	白色粉末	刺激味	1,500
神經性毒劑	塔崩（GA）	無色或是褐色的液體	無臭	400
	沙林（GB）	無色液體	無臭	100
	梭曼（GD）	無色液體	果實味	50
	VX	無色液體	無臭	10
窒息性毒劑	光氣（CG）	無色液體	乾燥草味	3,200
	雙光氣（DP）	無色液體	同上	3,200
血液性毒劑	氰化氫（AC）	無色的液體或是氣體	桃子果核的味道	2,600
	氯化氰（CK）	無色的液體	同上	11,000

註：指的是，人所位於的空間中，每 1m³ 的空氣中含有 1,500mg 的芥子毒氣，每待上一分鐘就會有 50% 的人會死亡。

日本陸上自衛隊的化學防護車，在被落塵（Fallout）或是有毒氣體污染的區域也能夠行動自如。車中搭載著空氣濾清裝置，因此車內成員不需要戴防毒面具、著裝，即能在車內測量車外放射線數據，或是透過氣體測量裝置來測量車外的污染狀況。

照片來源：陸上自衛隊

4-07

EMP彈頭
—在不殺死任何人的前提下，破壞電子儀器

　　所謂的 EMP，就是 ElectroMagnetic Pulse 的簡稱，也就是電磁脈衝。而 EMP 彈頭，指的就是藉由可以產生強烈電磁脈衝的飛彈或是炸彈，來破壞電子機器如電腦或是通訊裝置，進而癱瘓敵人作戰能力的一種武器。

　　1958 年，美國在強斯頓環礁（在大平洋中部）的上空約 76公里的地方試爆核彈時，在距離約 1,500 公里左右的夏威夷居民觀察到了數分鐘的極光，同時家庭及工廠等場所的保險絲及總開關跳開，整個夏威夷島停電，火災警報器響個不停。其實這就是因為核爆所產生的電磁脈衝的影響。此時，尚未簽署《大氣層內禁止核試驗條約》。

　　當年還沒有個人電腦，也沒有手機或是汽車導航裝置，當然也還沒有汽車的引擎電腦管理系統。若場景換到現在的話，影響層面將會非常廣大。從那次實驗之後，便開始研究如何使用核爆所引起的 EMP 戰略性效果。

　　雖然飛彈在高空爆炸後所產生的 EMP，不會直接對人產生殺傷效果，但畢竟發射核彈這件事，還是得謹慎思考是否會演變成區域性戰爭，而且被害範圍也會過大。

　　因此，接下來的課題就是研發不使用核子彈頭的 EMP 炸彈。據說不使用核子彈頭的話，影響半徑會變得非常狹小，「大約是數百公尺左右」而已，但是只要能把這一個彈頭打進敵方司令部的話，就極具效力。據說美國已經完成 EMP 彈頭的研究，並且曾說過要在伊拉克戰爭使用此彈頭，但後來好像沒有在實戰中使用過的樣子。

此照片是1958年8月1日，美國在強斯頓環礁進行的高空核爆實驗（壓縮餅乾一號計畫，實驗名稱為Teak）。這一場實驗用了攔截彈道飛彈的EMP炸彈，並且帶給周圍地區非常大的損害。另外，還有一種推測說，北韓所開發的核子彈頭，並非用來破壞城市，而是想拿來當作EMP彈頭，試圖在美國上空爆炸，目的在於癱瘓美國社會的機能也說不定。

照片來源：美國政府

非核EMP炸彈的概念圖

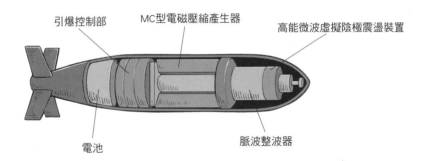

引爆控制部　　MC型電磁壓縮產生器　　高能微波虛擬陰極震盪裝置

電池　　脈波整波器

各部位的說明

電池	儲藏電力
引爆控制部	主要是由電容器所構成。由電池提供能源。用高電壓的方式幫電容器充電，提供MC型電磁壓縮產生器kA的電流。
MC型電磁壓縮產生器	由電感所組成。當kA級的電流通過時，就會使炸藥爆炸，藉由爆炸的能量瞬間產生磁收縮發電，得到MA的電流輸出。
脈波整波器	由開放開關或是變壓器所組成。會壓縮電能，把MA的電流轉變成100GW的電力。
高能微波虛擬陰極震盪裝置	把100GW的電力轉變成10GW的電磁波，周波數在1GHz以上。

參考：日本旭化成化學

4-08 核彈頭
——「千噸」？「百萬噸」？

把核彈裝到飛彈的彈頭上，這個彈頭就會被稱為核彈頭。但到底核彈是什麼呢？

關於核彈的原理和構造，「原子彈分成兩種，一種使用的是鈾，另一種是使用鈽……，氫彈又是……」等介紹就留到第七章再說，這裡就先大略地來看一下核彈的威力吧！

核彈的威力會使用「100 千噸（KT）」以及「1 百萬噸（MT）」來表示。代表的是這一次的核爆等於多少噸的 TNT 爆炸的威力。

雖然前面章節已經提過，這裡再說明一次，TNT 指的是三硝基甲苯的縮寫。使用於砲彈或是炸藥中的軍用炸藥，還有其他很多不同的種類，但是 TNT 是最常拿來使用的炸藥，所以才會以 TNT 為基準。

千指的是「一公里等於一千公尺」的那個「千」。「威力有一千噸」指的就是「等同於一千噸 TNT 炸藥的威力」。100 千噸指的 10 萬噸 TNT 炸藥威力「十百萬噸」就等於爆炸威力等同於 1,000 萬噸 TNT 炸藥爆炸的威力的意思。

具體來說，這是什麼樣子的威力呢？一百萬噸的核彈在接近地表的低空爆炸時，會在地表上面炸出一個深度約 30 公尺，半徑 335 公尺的大洞（圖表 1）。1.2 公里內，就算是堅固的水泥建築物也會遭受破壞（圖表 1）；如果是一般住家在 2.4 公里內的話，會全毀；9 公里內的建築物會受到非常大的損害，數十公里外的住家玻璃也一定會被吹破。

圖表1　核彈在地面爆炸時，彈坑的大小

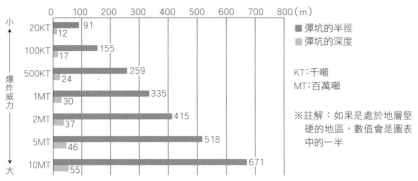

彈坑的半徑
彈坑的深度

KT：千噸
MT：百萬噸

※註解：如果是處於地層堅硬的地區，數值會是圖表中的一半

圖表2　地面核爆時，鐵橋會被破壞的距離

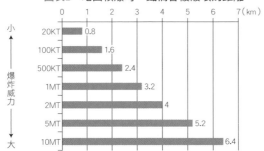

圖表3　地面核爆時，水泥建築物會被破壞的距離

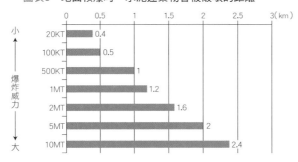

圖表4　在地上核爆時，汽車會因為爆炸威力吹飛的距離

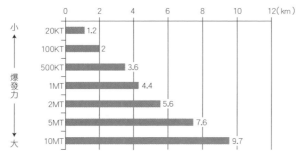

資料來源：《核子武器與防衛工學》 作者：英國內政部 日文版譯者：植村厚一、小見山紗 （朝雲新聞社出版，1979 年）

加力器的角色

　　飛彈就像是無人機一樣，有推進力，依靠自己來飛行。雖然如此，在剛發射時的加速，和砲彈之類的武器相比起來較為緩慢，因此在還沒達到該有的速度之前就有掉落到地面的可能性。為了讓飛彈在發射時即有相當程度的速度，有些飛彈會在飛彈本體之外附加上一個較短的火箭引擎。這就是加力器。

　　最典型的例子，就是由潛艦所發射的反艦飛彈。此飛彈從魚雷發射管中包裹著膠囊發射出來，飛出水面之後再藉由加力器推到空中，飛彈本體的引擎就會在空中開始點火飛行。

　　有好多種飛彈不只可以從飛機上發射，也可以從船艦上發射。由於在飛機上發射時不需要用到加力器，所以裝載在飛機上的飛彈會比較短，也比較輕。比如說魚叉飛彈，艦射型的魚叉飛彈全長為4.63公尺，由飛機發射的魚叉飛彈則因為不需要加力器，所以全長只有3.85公尺。

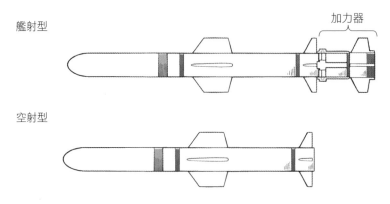

艦射型

加力器

空射型

因為沒有加力器，所以空射型的飛彈全長比較短。

如何從戰術飛彈的威脅中生存

照片為俄羅斯的Su-27，正在投放熱焰彈。

5-01 | 偽裝
—— 只要不被發現就不會被攻擊

　　從飛彈攻擊中生存下來最有效的手段，就是「一開始就不要被攻擊」這件事情。但如果提到核彈，因為其威力實在過於強大，所以會以「如果使用核子武器互相攻擊的話，後果不堪設想」為前提，謹慎地使用核子武器。總之，不讓對方使用核子武器進行攻擊就對了，但是這裡要講的不是核子武器，而是戰術飛彈。

　　在戰場上，不要讓敵方攻擊最好的方法，就是不要被發現。對此「如果說的是飛機，那就是匿蹤飛機」，如果說的是地面部隊，那就是要在偽裝方面下功夫，讓敵方不容易發現。

　　最簡單的偽裝就是迷彩。迷彩指的是在車輛等裝備塗上綠色或咖啡色的條紋，但如果只有這樣，這些設備最終還是會被紅外線攝影機發現。也許從肉眼看出去的草與樹木和塗裝都是綠色的，但反射出來的紅外線波長卻不一樣。

　　因此最近已經研發出能反射出和活著的草與樹木一樣波長的迷彩塗料。只是對於預算不足的日本自衛隊來說，這種塗料只能使用在非常少的裝備上。

　　在長有花草樹木的地面上，最適合的偽裝就是直接把這些花草樹木的枝幹綁在身上，讓自己也變成草叢的一部分。不過，切斷的枝幹很快會枯萎，所以必須不斷地汰舊換新才行。因此，能反射出與真正草與樹木相同的紅外線訊號，上面還有像葉片一樣的偽裝網也開始被廣泛使用。

只有迷彩塗裝的話，無法躲過紅外線攝影機，必須要拿真正的草和樹枝來偽裝才行。

這一種偽裝網會反射出和草與樹木一樣的紅外線訊號。

5-02　使用誘餌
──雖然這是一種從古至今早已存在的欺瞞手段……

　　誘餌，指的是狩獵時（特別是獵鴨等）會使用的「假鳥」。使用假鳥的狩獵方法是把假鳥設置好之後，真鳥就會覺得「那裡有夥伴」而靠過來，獵人便會趁這個時候開槍。後來則是演變成，在軍事用語上為了欺瞞敵人所製造出來的偽造物品稱為誘餌。日本古代有個故事是楠木正成製作藁人形稻草人偶當作誘餌來欺敵，不過實際上真正當作防禦手段來使用的大概是第二次世界大戰以後的事。

　　戰車、火砲或是停在機場的飛機等不同形狀的誘餌，有些是使用木材精心地製作出來，有些則是只需簡單地充氣即可成形的充氣誘餌。其中有些誘餌逼真到會刻意釋放出跟真實設備相同的引擎熱能。

　　也有些誘餌不只外型像，還會發射電波或是音波來欺瞞敵人。比如，從飛機發射出一個類似飛彈的物件，但是該物件在雷達上看起來就像是真正的飛機，藉以欺瞞敵方的雷達以及飛彈。另外也有一種是由水面船艦或是潛艦所使用的拖曳式誘餌。這一種誘餌會做成魚雷型或是浮標型，並且發出和真實船艦一樣的聲音來欺瞞敵人。除此之外，還有長得跟彈道飛彈地下發射室一模一樣的誘餌。這一種誘餌非常耗時耗工，基本上它已經是一座彈道飛彈地下發射室，除了沒有飛彈以外，其它都是真的了。

　　也有彈道飛彈彈頭的誘餌。彈道飛彈飛行到彈道頂點，釋放出彈頭的同時，也會釋放出誘餌彈頭，以此欺騙雷達以及來攔截的飛彈。雖然它不過像是個氣球般的物體，但由於彈道飛彈的頂點高度沒有空氣摩擦力，因此在這個高度下，即使是較輕的誘餌，其掉落速度也會和真的彈頭一樣。

空射型誘餌的概念圖。外觀看起來就像是巡弋飛彈一樣，全長115吋（約290公分），寬60吋（約150公分），直徑8吋（約20公分）。重量約200磅（約91公斤），不論戰鬥機或是轟炸機皆能發射此誘餌。

照片來源：美國空軍

SLQ-25/25A水精拖曳式誘餌。照片是尼米茲號航空母艦正在進行反魚雷戰訓練的時候，此時正準備將誘餌放入海中。

照片來源：美國海軍

5-03 | 煙幕
——最近也有紅外線難以穿透的煙幕

為了不讓敵方攻擊而展開煙幕的這種做法，早已行之有年。只要把柴油（不可使用汽油）之類的油品加熱後，就會開始冒煙。經常在航空展看到，於空中飛行的特技飛機機尾拖著噴煙飛行，其實這就是把類似柴油的油霧化後，混在高溫的引擎排氣中所呈現出來的樣貌。

雖然飛機的飛行速度過快，無法形成煙幕，但是軍艦經由其煙囪所噴射出的燃料來形成煙幕，是從第二次世界大戰開始即有的事。另外，冷戰時期，蘇聯（現俄羅斯）也有使用戰車來形成煙幕，隨後日本自衛隊也學習其做法，在 74 式戰車上面裝載噴煙機。但是當「飛彈已經朝這邊飛過來了，來點轟轟的噴煙吧」時就會來不及，此時得在一瞬間噴出一大塊的煙幕才行。

因此，就會在戰車上面裝載黃磷（白磷）煙幕彈發射器。普通的煙幕炸彈（Smoke Bomb）是使用六氯乙烷等物質來當作發煙物質，但是其產生煙幕的時間過於費時。現在，只要使用少量的炸藥把黃磷（白磷）炸成霧狀並噴撒出去，就會馬上跟空氣中的水分產生反應，瞬間形成一大塊的煙幕。

日本的 01 式輕型反戰車飛彈以及美國的 FGM-148 標槍飛彈是使用紅外線影像導引系統來對抗這種煙幕。紅外線可以穿過煙幕以及煙。因此就算戰車噴出煙形成煙幕了，只要可以捕捉到戰車發出的紅外線訊號，再加上沒有被其他熱源矇騙，飛彈就會朝著在紅外線鏡頭上看起來像是戰車大小，反射出紅外線訊號的區塊飛過去。

雖然如此，最近在煙幕方面，已經開發出可以使用難以讓紅外線穿透的紅磷的新型煙幕彈。

以前就有實行過，把霧狀的燃料加入軍艦的煙囪來產生煙幕的方法。照片是日本帝國海軍的驅逐艦「島風」。

照片來源：Wikipedia

戰車砲塔的旁邊加裝了煙幕彈發射器。照片是74式戰車。有些戰車則是在排氣管中加入燃料來產生煙幕。

在日本東富士演習場中，正在進行富士總合火力演習，照片是當時使用煙幕彈的情形。

5-04 干擾絲
──電子形式的煙幕

　　飛彈瞄準軍艦或是飛機時，會朝著雷達電波反射過來的方向，或是朝著引擎所發出的熱能前進。

　　在遭受到此類型飛彈攻擊時，因為鋁箔紙反射電波的能力非常好，只要撒下大量的細小鋁箔紙，就會變成電子形式的煙幕。這一種鋁箔紙稱為干擾絲。

　　筆者曾經看過日本航空自衛隊演習時，氣象雷達上面的樣子。在天空中撒下大量干擾絲之後，雷達看起來就像是雨雲一樣。

　　第二次世界大戰時（雖然那時候還尚未發展出對空飛彈），就已經有出現為了要擾亂雷達而撒下干擾絲的例子，現代則是載具上面都會裝備著干擾絲發射裝置。

　　右頁上方的圖片是直升機的尾桁（機體的一部分），照片中深灰色的盒子則是干擾絲熱焰彈發射器，可以選擇裝填干擾絲或是熱焰彈（下一節會說明）。

　　就軍艦而言，因為要製造出比軍艦本體更巨大的干擾絲雲，且噴撒位置必須離軍艦有一段距離才行，因此會配置如下方圖片的干擾絲火箭彈發射器。

　　現代所使用的干擾絲並非是單純的鋁箔紙，而是以塑膠薄膜或是玻璃纖維組合在鋁箔紙上面而成的干擾絲為主流。干擾絲的長度與電波的波長相同，或是整數倍時最佳，因此重點在於，戰爭前就得事先調查好假想敵國家所使用的雷達波長以及飛彈所使用的波長。

　　另外，有些電子作戰飛機也可以依照接收到的敵方雷達電波，即時調整干擾絲的長度，再進行釋放。

裝備在直升機尾桁（機體的一部分）上面的M130干擾絲熱焰彈發射器

裝載在艦艇上面的干擾絲火箭彈發射器。

5-05 熱焰彈
──針對偵測熱能系統裝置的障眼法

　　飛彈所使用的導引系統中，有一種是會讓飛彈朝著引擎所排出的熱能飛過去，稱為紅外線導引。早期的紅外線導引系統偵測目標的能力不佳，如果不追著敵方戰鬥機，並從敵方戰鬥機後方發射的話，將無法進行導引。不過，現在的紅外線導引系統偵測能力已經有顯著的進步，可以偵測到機體表面的溫度，從側方或是正前方發射飛彈的話，也能正確導引飛彈。

　　因為使用紅外線導引系統的飛彈會追著紅外線（熱能）跑，所以有些戰鬥機躲過這些飛彈的例子是，「以前聽過這種說法『看到飛彈飛過來的時候，就趕快朝著太陽飛過去，再做一個急速迴旋，緊追在後的飛彈或許就會朝著太陽飛過去吧』，試做之後，竟然成功了。」但也不是每一次逃跑的方向都這麼剛好有太陽，晚上就沒有太陽可以幫忙。

　　因此才會出現熱焰彈，「既然這種飛彈會朝著熱能飛過去，那就用像是煙火一樣的熱能來騙騙看飛彈」。筆者在看航空展時，也曾經看過戰鬥機釋放熱焰彈的情況。特別是俄國的特技飛行小組，最有名的地方就是會大量的使用熱焰彈來進行表演。

　　紅外線導引系統中，也不單只是會朝著熱源飛過去，有的還會加上影像導引系統，此時飛彈就不只會追著熱源飛，還會鎖定看起來像是飛機形狀的熱源飛。而熱焰彈的部分也出現不同的類型，這一種類型出現的熱能不只是只有幾點，而是會擴散開來，看起來就像是「熱能煙幕彈」。

　　另外，「會追著看起來像是飛機形狀的熱源飛行」這一點，飛機上的塗裝也會改成低紅外線反射塗裝，盡可能降低飛機反射出去（如太陽發射過來）的紅外線。

俄羅斯空軍的「俄羅斯勇士特技飛行小組」，正在釋放熱焰彈，來欺瞞使用紅外線導引裝置的飛彈。

現代的軍機所使用的塗裝都是低紅外線反射塗裝，照片是俄羅斯空軍的Su-34。

5-06　使用機動性脫逃
——成功的機率也並非等於零

　　早期的對空飛彈無法像戰鬥機一樣做比較小的迴旋動作，所以常會聽到戰鬥機使用急速迴旋的方式來閃躲飛彈的攻擊。但是現在飛彈的機動性已經提升，和戰鬥機比起來，飛彈已經可以做到比戰鬥機還要更極限的迴旋飛行。而且飛彈所能做出來的迴旋方式，也已經超過人體所能承受的極限，但是戰鬥機尚無法做到這種迴旋方式。

　　如果被攻擊的目標是船的話，其速度和飛彈比起來慢了很多，因此「閃過飛彈」這一件事情幾乎不可能。但如果來襲的飛彈是舊式的飛彈，如 NATO 代號「蠶式」的海鷹二型飛彈的話，先把艦艇前進方向改成正對飛彈來襲的方向，接著再以之字形的方式航行的話，也並非不可能在非常剛好的地方躲過來襲的飛彈吧！

　　戰車在面對來襲的反戰車飛彈時，用鋸齒狀的方式行駛，也是有一定機率可以躲過飛彈來襲。另外，不管是線控導引還是雷射導引，只要這一個導引裝置是人工操作，並且針對假定是飛彈發射地點的地方進行砲擊或是機槍射擊，也有可能讓敵方產生畏縮進而導引失敗。

　　接著要講的事情可能與「使用機動性來閃躲飛彈攻擊」毫無關連，不過其實彈道飛彈的移動式發射台也是一種利用機動性來提高生存率的武器。因為彈道飛彈的發射基地，會隨著人造衛星所拍攝的偵察照片，而被敵方發現，如此一來，就有可能被敵方攻擊且破壞。因此才會把發射台裝載在大型載具上（或是利用鐵路），藉著「今天是在這裡，明天在那裡」的方式來移動，好讓敵方無法正確的掌握「現在的所在位置」，這種不要讓敵方的先制攻擊破壞己方部隊及設備一事，現今已經是常識。

現代戰車機動力高，可以利用機動性來閃躲反戰車飛彈的攻擊。照片是日本陸上自衛隊的10式戰車。

俄羅斯的SS-20車載型中程彈道飛彈。

5-07 | 戰車的間隙式裝甲
──減少門羅效應的中空裝甲以及爆炸反應裝甲

反戰車榴彈是一種利用門羅效應，也就是把爆炸能源像是用鏡片集中光源一樣，聚焦在一點上，藉此方式在戰車的裝甲上面打洞。既然這種武器的原理像是用鏡片集中光源的方式，那麼只要讓焦點失焦，就可以有效降低反戰車榴彈的效果。

因此就把裝甲改成雙層，讓飛彈在外部裝甲的部位爆炸。這一種裝甲就稱為中空裝甲。右頁上方的圖片就是簡易中空裝甲的例子，「總之，就是先在戰車砲塔的側邊增設一個空間，在外面再加上一片鋼板」。

如果是與車體構造一體化的中空裝甲的話，有時候裝甲的中間不會只是單純的空間，而是將其有效利用，例如在裡面裝入水或是燃料等。右頁中間的照片是從斜後方看過去的照片，照片中的載具是俄羅斯的 BMP 步兵戰鬥車，可以看到車體後部的艙門也作為燃料箱，這個部分也變成了可以抵抗反戰車榴彈攻擊的中空裝甲。也許有人會擔心「裡面都是燃料，被打中不是會引起火災嗎？」但其實柴油非常的難點火，就算被反戰車榴彈打中，也只會冒出大量的白煙，看起來就像是煙幕一樣，但其實並沒有燒起來。

右頁下方的照片中，可以看到戰車的車體外面設置很多裝滿炸藥的盒子。反戰車榴彈打中這些部位之後，這些盒子就會爆炸，把反戰車榴彈製造出來的金屬噴流打散，藉此來降低反戰車榴彈的作用。這一種裝甲就稱為爆炸反應裝甲（Reactive Armor）。另外為了對抗這種裝甲，後來也發展出了串列式彈頭，這種彈頭是把兩個彈頭串聯在一起變成一顆彈頭。

在舊式戰車砲塔上面額外加裝一塊鋼板，藉著鋼板來增加空間的中空裝甲。

BMP步兵戰鬥車的後部艙門，也有兼作為油槽的中空裝甲。

照片中的是爆炸反應裝甲，在車體上設置了很多裝滿炸藥的盒子。

5-08 | 擊落飛彈
──用飛彈擊落或是用機砲擊落

　　也有人認為「飛彈就像是無人特攻機一樣，只要擊落就沒問題」。實際上軍艦擊落反艦飛彈的手段也相當多。

　　飛彈距離軍艦還很遠（大約 100 公里左右）的時候，會使用如飛彈的艦隊防空用的標準飛彈；距離數十公里時，單艦防空用的如海麻雀飛彈等；如果飛彈與軍艦的距離更近的話，就會使用 127 公釐或是 76 公釐快砲；最後距離只剩下 1.5 公里的時候，就會是稱為 CIWS 近迫武器系統（Close In Weapon System）的機砲出場時機。

　　最具代表性的 CIWS，應該就是日本護衛艦也常配備的方陣近迫武器系統吧！方陣近迫武器系統所使用的機砲口徑為 20 公釐，並採用 6 管旋轉式，每分鐘可以發射出 4,500 發砲彈。荷蘭所開發的門將近迫武器系統則是使用口徑 30 公釐機砲，同時採用 7 管旋轉式，每分鐘可以擊發 4,200 發子彈。俄羅斯也是使用口徑 30 公釐機砲。

　　但是，如果飛過來的是大型反艦飛彈，且距離已經近到用 20 公釐或是 30 公釐機砲攻擊，都能命中的話，那麼飛彈有極大可能會因為慣性而直接撞擊船艦。因此最近有出現像是 RAM（Rolling Airframe Missile）等的近迫防禦飛彈系統，以日本海上自衛隊的護衛艦「出雲」為首，日本海上自衛隊的軍艦現在也開始搭載這類型的武器（右頁中間照片）。

　　為了保護地面上的重要目標，地面防衛部隊也有類似 CIWS 的裝備。右頁中最下方的圖片就是稱為 VADS（Vulcan Air Defense System）的 20 公釐機砲，主要是來保護機場免於巡弋飛彈或是空對地飛彈的攻擊。雖然這一種武器是由卡車來拉著移動，但其實和軍艦上面搭載的方陣系統幾乎一樣。

使用20公釐機砲的方陣
近迫武器，可以擊落來
襲的反艦飛彈。

日本海上自衛隊「出雲」號上所
搭載的近迫防禦飛彈系統。

VADS，也可以稱為方
陣近迫防禦系統的陸地
版本。照片是日本航空
自衛隊所使用的裝備。

軟殺和硬殺

　　被飛彈攻擊時，會採取各式各樣的手段來反擊及對抗，這些手段可以分為軟殺和硬殺。軟殺指的是干擾飛彈的導引系統機能，例如「釋放出干擾電波」或是「使用干擾絲或是熱焰彈」等。相對於軟殺，硬殺指的就是破壞飛彈的硬體，例如「擊落飛彈」或是「使用雷射來燒毀飛彈的雷達」等。

　　下方照片就是使用軟殺裝置中的一個例子，裝載在日本自衛隊UH-1J直升機上的紅外線干擾器。這個裝置會釋放出紅外線脈衝，藉此矇騙使用紅外線導引裝置的飛彈。

UH-1J的紅外線干擾器。據說此設備耗電量非常驚人，因此裝載此裝備的直升機體如果未經特別加強發電能力的話，將無法安裝。

第6章

彈道飛彈的防禦

日本航空自衛隊所使用的愛國者飛彈的AN/MPQ-53相位陣列雷達。

6-01 使用偵察衛星尋找飛彈基地
——雖然無法偵測發射的瞬間……

　　敵國的飛彈基地在哪兒？當然敵方不會告訴我們這些事情。冷戰時期，美國做過風險很大的事情，例如讓偵察機入侵蘇聯等（實際上也真的有偵察機被蘇聯擊落），到了 1959 年之後，就改成使用人造衛星來拍攝地表的照片。

　　從拍攝的照片中得知一個驚人的事實，蘇聯官方發行的地圖中，都市的位置與實際上的位置相差了數公里之遠。換言之，就是蘇聯為了躲避美國的核子飛彈攻擊，在官方的地圖上公然說謊。不過，自從可以從衛星獲得地表照片之後，不只可以知道敵方飛彈基地的位置，還可以知道很多其他的事情。

　　蘇聯在 1961 年也不落人後的發射偵察衛星進入地球軌道中。儘管其它國家落後於美、蘇兩國相當久的時間，但是以法國為首，陸續也有其它國家開始將偵察衛星發射到地球軌道中。日本也在 2003 年發射了情報收集衛星（IGS）。

　　當飛彈基地的位置變成會被偵測到之後，便出現可移動式的飛彈發射台，裝載在大型載具上面來移動，甚至也出現使用鐵路移動的飛彈等這些方式，讓敵方混淆，搞不清楚「現在飛彈到底在哪？」中國用來瞄準日本的 DF-21 中程彈道飛彈（MRBM），以及北韓的蘆洞飛彈以及舞水端飛彈也都是車載式飛彈。俄國的 SS-24（RS-22）則是使用鐵路來移動。

　　偵察衛星是繞著地球移動的，即使知道飛彈基地的位置，頂多是衛星經過其上空時所拍攝的照片，並非是「現在，這一個瞬間」飛彈基地的所在位置。因此，更別提能從這裡知道飛彈發射的瞬間了。

IGS-01（2001）
此衛星的光學系統是以「大地」（ALOS）觀測地球地殼衛星的 PRISM 為基礎系統設計的。但是因為太陽能電池板會產生震動的緣故，衛星的解像力原本設定是在一公尺，實際上只能達成二到三公尺。

IGS-02（2006）
電池變更為鎵電池，可以在維持太陽能電池出力的前提下，縮短電池板的大小，雖然震動減少了，但是卻發生了電力不足的問題。

IGS-03/04（2007-2011）
太陽能電池板可以傾斜，與太陽光成垂直角度，因此解決了電力不足的問題。當 03 所在的軌道在早上十點半時，以及 04 所在的軌道在下午一點半時，傾斜角度會變成相反邊，解像力為 60 公分。

IGS-05 實證（2013）
光學系統的基礎系統應該是來自於 ALOS3 的 PRISM-2。解像力為 41 公分。

進行方向

日本情報收集衛星（IGS）的CG圖片。現在的IGS仍然在持續改善，如改良解像能力以及解決電力不足的問題等。
©p-island.com & S.Matsuura.

6-02 偵測彈道飛彈的發射
——為了要偵測到發射的瞬間，就需要預警衛星

地球是圓的，因此位於水平線另一端的物體不會出現在雷達上面。雷達之所以可以偵測到遠方的飛機，是因為飛機的飛行高度在某種程度上還算是高的關係。彈道飛彈飛行到最高點時，高度會落在差不多 1,000 公里上下，因此雷達就算是在距離相當遠的地方也能夠偵測得到。不過，即使如此，該雷達還是無法偵測到發射的瞬間。另外，在上一節中也有提過，偵察衛星是繞著地球移動的關係，除非發射的瞬間，偵察衛星剛好是在飛彈基地上方，不然也是無法偵測到飛彈發射的瞬間。

能夠捕捉到飛彈發射瞬間的，只有預警衛星。美國的預警衛星稱為 DSP 衛星（Defense Support Program Satellite）。這個名稱十分讓人摸不著頭緒，因為美國發射該衛星時，為了隱藏真正的使用目的，所以沒有使用真正的名稱。

這型衛星，會在高度 36,000 公里的靜止軌道上配置三顆，當彈道飛彈發射時，會偵測到飛彈發射時發出的熱能（紅外線）。此衛星只是單純的偵測大範圍的紅外線，所以也會偵測到火山噴發或是森林火災。但是，森林火災或是火山噴發不會移動，而飛彈可以高速移動，因此只要看到會高速移動的紅外線訊號，就會判斷成是飛彈發射。

美國的預警衛星已經非常老舊，現在要更換成稱為太空紅外線系統（SBIRS：Space-Based InfraRed System）的預警衛星。俄羅斯也有預警衛星，雖然也已經非常老舊，但因為國家財政困難，目前還沒有要更換的計畫。法國目前也積極準備預警衛星中。中國的狀況，筆者就不是很清楚了，但筆者認為中國應該是沒有預警衛星。日本的部分，則還停留在概念的階段。

預警衛星的概念圖

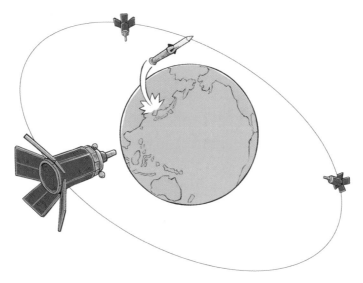

預警衛星會從赤道上空36,000公里的靜止軌道上，監視彈道飛彈是否發射。

為了要偵測彈道飛彈的發射瞬間，就必須要有預警衛星。照片中的是Rocketdyne公司所製造的LR79火箭，地點則是佛羅里達的卡納維爾角，正在進行IRBM的發射實驗。

照片來源：美國空軍

6-03

彈道飛彈的軌道①
──火箭推進會在上升過程的初期階段就結束

彈道飛彈發射之後，就會一邊加速一邊爬升。

起初會是垂直往上發射，那是因為要儘早飛行到沒有空氣摩擦的大氣層外。飛出大氣層之後（高度大約 100 公里），就會開始傾斜進入到拋物線彈道。

加速的時間，也就是火箭推進的時間，只有短短的數分鐘，只佔整體飛行時間大約五分之一而已。雖然長程彈道飛彈的構造是兩節式或是三節式的，但也是同樣會在數分鐘內把第一節及第二節推進器中的燃料使用完，並與這兩節推進器脫離。

如果是像 ICBM 之類的長程彈道飛彈，在加速階段時就會飛到高度 200 ～ 400 公里，距離 400 ～ 800 公里的位置。

不過，如果是射程 600 公里左右的 SRBM 的話，加速時間就只會有 60 到 90 秒左右，而且在大氣層內就會進入到拋物線彈道，感覺像是才剛飛出大氣層外便已經要準備落下。

在加速階段時，為了要讓飛彈飛向正確目標的軌道，會進行導引。雖然說是導引，但是基本上彈道飛彈所使用的導引系統都是慣性導引，也就是使用飛彈本身的系統來計算加速度之後修正軌道而已。等到火箭的燃燒結束之後，剩下就是像砲彈一樣利用慣性朝著目標飛過去。

在短程彈道飛彈中，有一部分的飛彈是不會把彈頭和飛彈本體分離的。不過大部分的彈道飛彈都會在飛彈引擎燃燒結束之後，飛彈本身還在利用慣性上升，在到達拋物線頂點之前（如果是 ICBM 的話，高度大概是 1,300 公里），飛彈本體就會釋放出彈頭。

ICBM（洲際彈道飛彈）的彈道

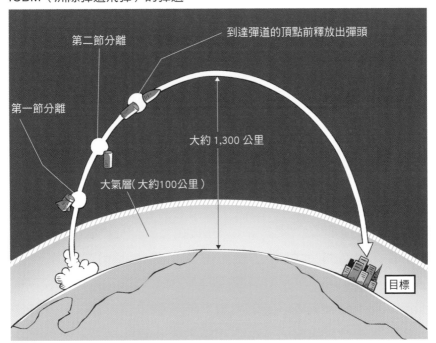

第二節分離

到達彈道的頂點前釋放出彈頭

第一節分離

大約 1,300 公里

大氣層（大約100公里）

目標

ICBM所畫出來的拋物線頂點大概是1,300公里。

LGM-30義勇兵ICBM洲際彈道飛彈的發射實驗。上面沒有搭載彈頭。　照片來源：美國空軍

6-04 彈道飛彈的軌道②
——搭載複數顆彈頭，並且釋放出誘餌

　　大部分的彈道飛彈在上升階段的後半部分就會分離彈頭（也有的彈道飛彈會在接近頂點的時候釋放彈頭）。飛彈所裝載的彈頭不一定只有一顆。有時候一枚飛彈上面會裝載著數顆彈頭。早期的彈道飛彈因為精度低（有時候誤差會大到數公里），所以為了彌補精度不足的問題，會出現了「使用數顆彈頭來攻擊目標」的想法。這種飛彈就稱為 MRV（Multiple Reentry Vehicle）。

　　當飛彈的精度提升之後，原本搭載的彈頭能攻擊不同的目標。這種類型的飛彈稱為 MIRV（Multiple Independently-targetable Reentry Vehicle）。雖然能攻擊不同目標，但這是從同一枚飛彈所發射出來的，所以不同攻擊目標的相差距離也不會太遠，頂多就是附近的城市而已。

　　另外，飛彈不只可以釋放出彈頭，也可以釋放出誘餌。從警戒彈道飛彈的雷達來看的話，就會看到一枚彈道飛彈在上升階段接近結束的時候，從一枚飛彈變成數枚到數十枚飛彈的樣子。為了飛彈裡面裝載的誘餌不要影響到真正的彈頭，實際上會使用類似氣球或是雨傘之類的物品。此外，這是經過縮小收納再膨脹、恢復成原來形狀後再使用的物品，所以重量很輕。不過，因為大氣層外沒有空氣摩擦力，就算誘餌重量很輕盈，也會和重量很重的彈頭一樣飛在同一個軌道上面。

　　當誘餌進入到大氣層時，出現空氣摩擦力的緣故，速度就會開始減緩，因此能馬上分辨出真假彈頭。但是當彈頭進入到大氣層，也就表示距離飛彈擊中目標只剩下數分鐘而已。彈頭會以 20 馬赫，也就是秒速 7,000 公尺以上的速度落下來。彈道飛彈下降到進入大氣層的這一個階段就稱為重返大氣層的終端階段。

圖1　MIRV的概念圖

複數顆彈頭加上大量的誘餌。

圖2　美國的ICBM,「和平守護者」飛彈的MIRV。

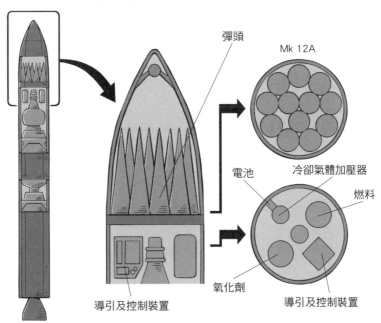

6-05 | 由雷達所進行的飛彈偵測
——大雷達，大功率，冷卻大麻煩

地球是圓的，因此飛彈尚未飛行到一定高度以前，雷達將無法偵測到。不過，既然有「在北韓附近待命的神盾艦雷達可以偵測到北韓發射飛彈」此一說，就算無法偵測到發射的瞬間，至少可以在飛彈發射之後稍微上升時，就能夠偵測到飛彈發射，只不過……。

如果從北韓或是中國東北部朝著日本發射彈道飛彈的話，大概十分鐘左右就會擊中位於日本的目標。如果是從俄羅斯飛往美國的 ICBM 的話，因為需要飛上一萬公里，所以大概會飛個三十分鐘左右。

雖然彈道飛彈的本體尺寸如同飛機，但釋放出來的彈頭卻等同砲彈或是炸彈般的大小而已。要在數千公里外偵測到這麼小的物體，雷達的功率要非常大，同時天線也要非常的巨大才行。

美國的海上雷達站是利用重達五萬噸的鑽油平台來設置的，上面的雷達罩直徑達 36 公尺。日本的 J/FPS-5 雷達則是在高度 34 公尺的建物牆壁上，分別設置了一個直徑 18 公尺的天線，兩個直徑 12 公尺的天線。雷達外面的罩子「看起來就像是怪獸卡美拉的甲殼」的緣故，因此有加美拉雷達的綽號名。

如此大型且功率大的雷達，使用過程中所產生出來的熱能也不容小覷，彷彿像是冷卻速度永遠不夠快一樣，但是卻必須保持「一年 365 天，24 小時運作」的樣子。因此也必須要設置多套此類型的裝備，不過其實可以在預警衛星偵測到飛彈發射時再打開雷達的開關就好，所以日本應該還要趕快發射預警衛星才是。

使用潛舉重載船來載運的美國海基X波段雷達。　　　　　　照片來源：美國海軍

日本的J/FPS-5。暱稱為加美拉雷達。　　　　　　照片來源：「四式戰疾風」先生

6-06 拋射彈道與低飛彈道
——盡量減短可能攔截時間及延後被雷達偵測到的時間

　　彈道飛彈的最高高度，如果是 ICBM 的話，大約是 1,300 公里；如果是 MRBM 的話，大約是 600 公里。這個高度指的是以一個火箭推力來說，可以飛行的最大距離和是最具效率的射程。這一個高度就稱為**最小能量彈道**。

　　一般來說，發射時都會以這種最經濟實惠的彈道作為最初考量。以槍砲來比喻的話，以高角度的方式發射出去，幾乎是從正上方掉落下來的軌道稱為**拋射彈道**；像是加農砲射出去的砲彈一樣，以低角度發射，以低彈道飛行就稱為**低飛彈道**。雖然這兩種彈道都會因為火箭的出力，而導致射程變短，但是其優點就在於**不容易被攔截**。

　　拋射彈道的話，因為彈頭是被拋射到高空，所以從高處掉落下來時也會讓彈頭產生加速度。此外，其落下的角度趨近於垂直，因此在短時間內就會通過大氣層擊中目標。也就是說，等到空氣摩擦力出現，可以分辨出真的彈頭和誘餌的時間，到真的彈頭著地的時間就會變短。簡言之，就是可以攔截的時間就又變短了。

　　低飛軌道的話，因為是高度較低的彈道，與最小能量彈道比起來，雖然犧牲了不少射程，但是這一種彈道可以利用地球是圓的特性，延後被雷達偵測到的時間。

　　北韓的舞水端飛彈，一般認為是具有射程 3,000 到 4,000 公里的飛彈。如果要以最小能量彈道來攻擊日本是有一點小題大作，但如果用此飛彈以低飛彈道的方式來攻擊日本，彈道最高高度也不過大約 65 到 70 公里左右而已。「如果是要使用神盾艦的 SM-3 來攔截飛彈，是否會因為彈道高度過低而難以攔截呢」，對於日本來說非常的危險。

彈道飛彈的三種軌道

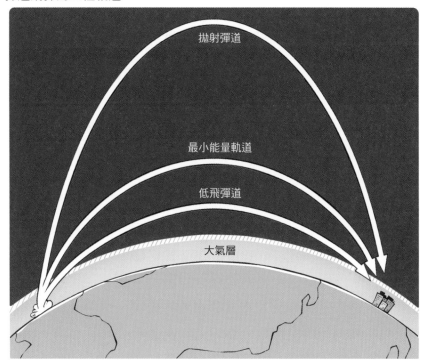

6-07

擊落上升中的飛彈
——但是美國的ABL計畫已經被凍結

　　AL-1，是一款由波音747所改造而來的美國飛機，飛機的機首搭載了效能強大的雷達，可以擊落上升中的飛彈。

　　這一個系統稱為 ABL（AirBorne Laser），2010年成功的完成擊落上升中的彈道飛彈的實驗。因為這一枚飛彈是正在上升中的飛彈，彈頭和飛彈尚未分離，所以和已經與火箭推進器分離的彈頭不同，標靶非常大，很容易擊中，而且只要在飛彈本體上面開一個小小的洞，就可以破壞整個飛彈。

　　但是，飛機無法在沒有空氣中的環境下飛行。而且在空氣中發射雷射時，雷射會因為空氣的緣故而衰減，無法發射到遠方。噴射機能夠飛行的高度也大概只有一萬數千公尺，在這一個高度下，因為地球是圓的，所以也無法偵測到數百公里以外的東西。

　　因此，這一架飛機就必須要靠近敵方飛彈基地數百公里以內才行。而且為了要應付不知道什麼時候才會發射的彈道飛彈，就變成是要飛行一年365天、每天24小時才行。最後，雖然在初期實驗中獲得到某種程度上的成功，美軍還是在2011年的時候中止此開發計畫。

　　不過，即使該計畫中止，並不代表美軍同時也放棄開發雷射武器。與其拿雷射打彈道飛彈，後來的研究則是把雷射拿來對付短程飛彈，如飛毛腿飛彈等，當作是最終階段防禦來使用，例如以色列所研發了鐵光束，是一種陸地型的飛彈攔截雷射武器，現在也實際使用中。但是這一套系統所發射出來的雷射也一樣會因為空氣而衰減，所以據說「射程只有7公里以下」。

由波音747來破壞彈道飛彈

攔截飛彈的實驗成功了，但實際上ABL並沒有投入作戰中使用。

美國海軍正在實驗的艦載雷射武器（LaWS：Laser Weapon System）。照片中的雷射
武器是搭載在「龐塞號」船塢運輸艦上的。
照片來源：美國海軍

6-08 中途階段的攔截方式
——GBI飛彈的大小和彈道飛彈差不多

彈道飛彈發射之後，從火箭推進器的燃燒結束，到分離第一節及第二節火箭推進器，再飛到大氣層之外，開始下降到突入大氣層為止的階段，稱為中途階段。中途階段的飛行時間，如果像是ICBM的長程彈道飛彈，大概會飛行三十分鐘左右。

為了在中途階段攔截飛彈，最近美國所配置的飛彈是GBI（Ground Based Interceptor）飛彈。就如同名字一樣，這一種陸地型飛彈，全長16.8公尺，直徑1.2公尺，重量達12.7噸，因為此飛彈是屬於三節式飛彈，基本上同ICBM的尺寸。發射裝置也是直接使用除役的ICBM地下飛彈發射室。

如果可以在偵測到敵方ICBM飛彈發射的瞬間，馬上發射攔截飛彈的話，就可以在敵方彈道飛彈飛到彈道頂點的時候，攔截並擊毀敵方飛彈。但是因為還要計算敵方彈道飛彈的飛行軌道，所以實際上攔截到敵方飛彈的時候，差不多是已經進入到下降階段之後。

與配置在地面上的GBI相比，日本的神盾艦所搭載的SM-3就是屬於艦載型，大小也比GBI小。SM-3也是屬於三節式的，長6.55公尺，直徑34公分左右，是屬於相對小型的飛彈，此種類型的飛彈與其說是使用在攔截位於中途階段的彈道飛彈，倒不如說是用在攔截接近要結束中途階段的彈道飛彈（因為此種類型的飛彈是裝載在軍艦上面，所以有可能相當靠近敵國），或是剛進入中途階段的彈道飛彈。不過話說回來，如果是要從北韓蘆洞彈道飛彈的攻擊中防衛日本的話，整個中途階段都是可以攔截的。另外，SM-3飛彈不只是只有搭載在神盾艦上面，歐洲國家也有軍隊配備此種飛彈的地面型。

照片是GBI飛彈正在安裝於地下飛彈發射室的狀況，位於阿拉斯加州格里利堡。
照片來源：美國飛彈防衛局

美國海軍所使用的SM-3。照片是美國「費茲傑羅號」飛彈驅逐艦發射SM-3的情形。
照片來源：美國海軍

6-09 終端階段的攔截方式
——愛國者飛彈與THAAD飛彈

在日本的飛彈防衛系統中，如果神盾艦的 SM-3 沒有攔截到敵方的彈道飛彈，讓它朝著日本本土飛過來的話，在終端階段就會用 PAC-3 飛彈，也就是愛國者飛彈來攔截。

但是，之所以會將它命名為 PAC-3，其實是因為這一套飛彈系統是使用愛國者飛彈的雷達以及發射器來發射的「愛國者 3 型飛彈」。總之 PAC-3 其飛彈本體並不是愛國者飛彈，或者是愛國者飛彈的改良型飛彈，它是完全不同的飛彈。原本的愛國者飛彈（PAC-2）是一枚直徑 41 公分，射程 70 公里的飛彈。PAC-3 則是直徑 25 公分，射程 20 公里的小型飛彈。因此可以收納一枚 PAC-2 的發射箱就可以收納四枚 PAC-3 飛彈。但是射程短就是個問題。

不過，這一種類型的飛彈原本就不是拿來做防衛都市的區域性防衛，而是陸軍部隊在戰場上用來防空的武器。之所以會拿來防衛都市，據說只是因為從以前就在使用愛國者飛彈來防空，而這一型飛彈適用於愛國者飛彈的發射系統。總之，因為方便所以就先用了再說。因此，雖然是用於終端階段，但是美國用來攔截彈道飛彈的飛彈，是射程有 200 公里的 THAAD 飛彈。

就目前的日本而言，最理想的防衛系統是，如果 SM-3 沒有攔截敵方飛彈，就使用 THAAD 飛彈；THAAD 飛彈沒有攔截到，就使用 PAC-3 來攔截，這種三段式攔截法是最好的。但是以目前日本的國防預算來看，如果真的購買這些武器的話，其他裝備也都不用買了。但是，據說 THAAD 飛彈「可以攔截以低飛彈道來襲的舞水端彈道飛彈」，所以有趣的是，美軍駐日本的基地中只單單配置了 THAAD 飛彈系統的雷達。

美軍的THAAD飛彈，也是負責攔截彈道飛彈的飛彈。　　　　　照片來源：美國飛彈防衛局

因為日本沒有配備THAAD飛彈，所以當SM-3沒有攔截到敵方飛彈時，PAC-3飛彈就是
日本「最後的防衛堡壘」了。　　　　　　　　　　　照片來源：美國飛彈防衛局

6-10 | 威懾理論與互相保證毀滅
——最好作法就是不讓敵方發射飛彈

　　冷戰時期，美國和蘇聯各自擁有大量核子武器，在地球的兩端互相敵視著，但實際上都沒有使用核子武器進行攻擊。別說使用核子武器攻擊了，美、蘇雙方連使用一般火砲的區域武裝衝突都沒有發生過。

　　雙方都認為「不可以打核戰」，也擔心「就算是使用一般火砲的區域武裝衝突，也有可能會升格成核戰」，所以冷戰時期雙方都非常慎重，迴避了兩大國家的直接衝突（雖然雙方的周邊國家還是出現了代理戰爭）。這就是因為核武所出現的威懾理論。

　　但是為了要讓威懾理論發揮作用，就必須要讓敵方認為「核子戰爭沒有戰勝者」以及「核戰只有毀滅一途」才行。因為只要雙方都這麼認為，就可以抑制戰爭的發生，所以還刻意的製造出了「核戰只有毀滅一途」的狀態。後來甚至簽署了《反彈道飛彈條約》（ABM 條約），來互相約定「不使用彈道飛彈進行防衛」。

　　「打下去，雙方都只有毀滅一途」這一個狀態就稱為互相保證毀滅（MAD：Mutual Assured Destruction）。冷戰時期，美、蘇兩國刻意的製造出了 MAD 狀態，來避免戰爭的發生。

　　現在回想起來，當時其實也可以說是非常安定的狀態。和那時候相比，《反彈道飛彈條約》被廢止，發展飛彈防衛和各種試圖突破飛彈防衛的攻擊手段，軍備競賽再度興起，筆者認為現在和冷戰時期比起來，現在更不穩定，更有可能出現核子戰爭。

雖然現代飛彈防衛的技術進步了，但是仍難以應付SLBM，現在SLBM的存在仍因為MAD而被抑制著。照片是由美國海軍的俄亥俄級核潛艦「內華達號」所發射的三叉戟II飛彈（三叉戟D5）。

照片來源：美國海軍

巡弋飛彈的防禦

　　因為地球是圓的，所以無法看到地平線（水平線）另一端的事物，雷達也偵測不到。現在的雷達之所以可以偵測到位於遠方的飛機，是因為飛機飛行高度夠高的關係，如果飛機是在超低空的高度飛行，雷達也是無法偵測到的。

　　巡弋飛彈也是一樣，可以在飛行高度30公尺以下採超低空飛行。為了可以偵測到從超低空入侵而來的飛機或是巡弋飛彈，就需要空中預警機，這是一種裝載著雷達，在高空偵測敵方動靜的飛機。

　　當然日本也有配備兩種空中預警機，分別是大型的E-767，以及小型的E-2C，來警戒日本的周圍。

　　只要可以偵測到巡弋飛彈，它就像是練習用的靶機一樣，非常容易被擊落。因為巡弋飛彈會展開大大的機翼，同民航機般的速度飛行，所以連對空飛彈都不需要使用，只要用到戰鬥機上面的機砲就可以擊落巡弋飛彈了。

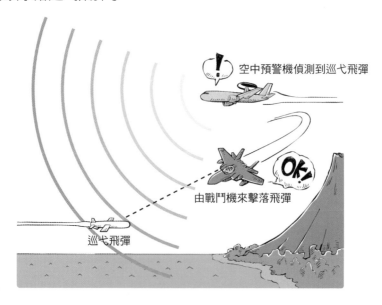

空中預警機偵測到巡弋飛彈

由戰鬥機來擊落飛彈

巡弋飛彈

關於核彈頭的大小事

照片是裝載在屬於ICBM的LGB-30G義勇兵III上的MIRV。在一枚彈道飛彈上面裝載了複數的彈頭。

照片來源：美國空軍

7-01 什麼是原子彈？
——因為是要讓原子核分裂，所以稱為原子彈

所謂的原子彈，指的是利用鈾或鈽原子分裂時所產生的能量，當作爆炸能量來使用的炸彈。

讀者各位應該都有在學校學到「這個世界上所有的東西都是由右頁上方的原子所構成」的吧！帶正電的質子周圍有一顆帶負電的電子的話，就是氫原子；質子和電子都是各兩個的話，就是氦原子。如果是碳原子的話，就是各六個，氮原子就是各七個，氧原子就是各八個，鐵原子就是 26 個……各位也應該都知道這也是原子序的意思吧！

不過，大部分都會有質子和不帶電的中子。這些質子或是中子等，位於原子中心的東西就稱為原子核。

所謂「原子分裂指的就是原子核的分裂」，因此會使用核分裂這個名詞，而不是原子分裂。當核分裂發生時，和炸藥爆炸等有天壤之差別，會釋放出極大的能量。

但是，大部分的原子都不會產生核分裂（但並非絕對）。核分裂跟積木倒塌的原理相同，疊越高的積木越容易倒，擁有越多質子、電子和中子的原子就越容易產生核分裂。但是如果只是數目多，質子和中子的數量過於平衡的話，也不容易產生核分裂。

最容易以人工方式來進行核分裂，同時也使用於原子彈的元素，就是原子序 92 的鈾和原子序 94 的鈽。

原子和核分裂的概念圖

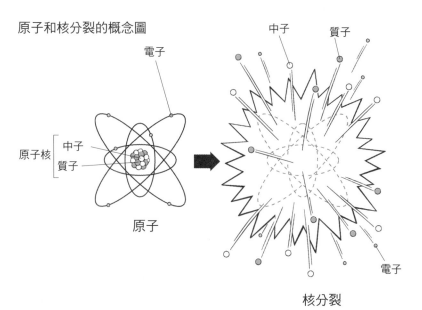

核分裂

投在廣島的小男孩原子彈，
是使用鈾的原子彈。
照片來源：美國空軍

投在長崎的胖子原子彈，是
使用鈽的原子彈。
照片來源：美國空軍

7-02 什麼是濃縮鈾？
—— 鈾235和鈾238

　　鈾的礦石分佈在世界各地，例如美國、澳洲、加拿大、哈薩克及北韓等。日本並非完全沒有，之前也有開採過鈾礦石，不過現在都是從海外輸入。鈾礦石和其他的金屬資源相同，在礦石的狀態下並無法使用，需要經過提煉才能使用。提煉之後把鈾從礦石中分離出來並非難事，只是接著還要再把鈾235和鈾238分離出來才行。

　　鈾235以及鈾238原子序都是92，也就是質子的數量都是92。但是中子的數量不一樣，鈾235的中子數量是143，鈾238的中子數量則是146。光從其差異即可分辨出「容易核分裂以及不容易核分裂」。一般來說，只有鈾235才可以當作原子彈的原料。但是鈾235只佔提煉後的鈾的0.7%而已。如果要拿來製作成核彈，就必須要有90%以上的鈾235才行（如果是使用於核子反應爐的話，則需要20%以上）。另外，鈾235含量比例高的鈾，稱為濃縮鈾。而鈾的濃縮作業需要超高技術以及大型的設備，因此小國家是無法製作原子彈的（雖然，經濟規模只有達到日本鳥取縣或是島根縣的北韓有辦法做出原子彈）。

　　鈾235產生核分裂的最低質量稱為臨界質量。量不夠的時候，不會產生爆炸。雖然臨界質量會因鈾的濃縮度、炸彈的構造以及引發爆炸的方式而有所不同，但以前的說法是「鈾235最少需要15公斤」，而「鈽最少需要5公斤」。不過最近則有人指出「鈾235只需要3公斤」，「鈽的話只需要1公斤就有可能製造原子彈」。

鈣鈾雲母礦石。用紫外線照射的話，就會發出螢光。

7-03

核分裂與連鎖反應
—— 用中子去破壞原子核之後，又有中子跑出來……

在 7-01 中有提到「疊得越高的積木越容易被破壞」，那麼要破壞積木，就得製造衝擊。能衝擊破壞原子核的，就是中子。中子不是只會待在原子核中與質子在一起，太陽也會釋放出中子，自然界中到處飛散著中子。

中子撞上鈾和鈽時，鈾和鈽的原子核就會分裂。分裂之後，原本原子序 92 的鈾和原子序 94 的鈽就會重新構成其他各式各樣的元素，例如原子序 56 的鋇、38 的鍶、55 的銫或是 42 的鉬等等。分裂時就會釋放出爆發性的能量。

但是，如果只是對一堆鈾或鈽發射一、兩個中子是不會引起爆炸的。就算真的引起一個或兩個鈾原子核分裂，所產生的能量也是非常微小，甚至無法偵測到。要真正引爆，必須產生連鎖反應。原子核中有中子，因此核分裂的時候，裡面的中子也會被噴發出來。此時，如果這一個中子打中旁邊的鈾，引起下一次核分裂，這一次核分裂產生的中子又打中附近的鈾……，如此一來分裂就會呈現如等比級數快速增長而產生爆炸了。……

但如果鈾的量過少，核分裂出來的中子無法好好的打中附近的鈾原子，而是直接飛出去的話，就無法產生大量的核分裂了。這也就是在 7-02 中所提到的臨界質量。

因此，原子彈的基本原理就是，「在炸彈中，先把鈾的量調整成臨界質量以下，等到要爆炸時再把鈾結合在一起，讓它超過臨界質量」。

連鎖反應的概念圖

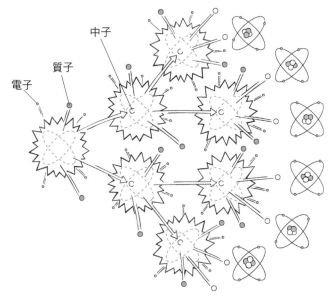

中子

質子

電子

一個中子變兩個，兩個中子變四個，四個中子變八個，這就是連鎖反應。為了讓這張圖方便閱讀，組成原子的電子、質子和中子的量比實際上的量要來得少。實際上會有更多的中子被噴發出來。

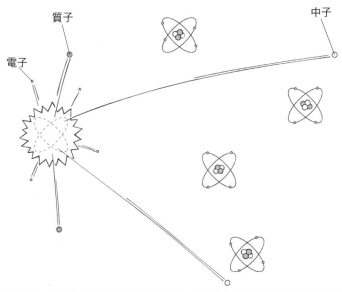

質子

中子

電子

但是當量不夠時，噴發出來的中子無法擊中下一個原子核，直接往外飛過去。因此，就不會產生連鎖反應了。

7-04 槍管式原子彈和內爆式原子彈
—— 「連高中生也可以做得出來的原子彈」指的是槍式原子彈

最容易製作出來的原子彈就是槍管式（Gun Barrel）原子彈。美國在廣島投下的原子彈就是槍管式原子彈，當初認為這一種原子彈一定會爆炸，所以做好後連實驗都未進行，就直接使用了。實際上也對廣島帶來毀滅性的傷害。

「只要努力，高中生也能做出原子彈」，指的就是槍管式原子彈。但有一個前提，就是「如果能拿到濃縮度 90% 以上的鈾 235 的話」。

如同其名，在一個像是槍管，厚實的圓筒中放入兩個臨界質量以下的鈾，並且用火藥爆炸的威力讓這兩塊鈾撞在一起，讓鈾的質量超過臨界質量。原理上來說非常簡單，但是如果沒有好好思考、好好設計的話，就可能會出現「產生核分裂的鈾連 1% 都不到」，變成效率非常差的原子彈。

在長崎投下的原子彈，就是內爆式（Implosion）原子彈，用炸藥把臨界質量以下的鈽球體包住，利用炸藥爆炸的能量壓縮鈽球體。壓縮之後，密度增加，中子也比較容易撞擊原子核，因此即使鈽球體的質量沒有達到臨界質量，也會達到臨界。

但是只有一個地方點火爆炸的話，就無法正確的壓縮球體，整個形狀就會變形，所以覆蓋整個球體的炸藥必須要在同一時間（據說誤差只有一百萬分之一秒）點火爆炸。因此要製作內爆式原子彈時，最困難的地方就是開發點火裝置了，而且使用鈽的原子彈也必須使用內爆式才行。右圖裡面有畫到引發劑以及填塞物，關於這兩個部分會在後面的章節提到。

槍管式原子彈的構造概念圖

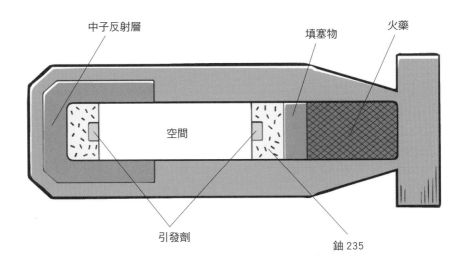

中子反射層　　　填塞物　　火藥

空間

引發劑

鈾235

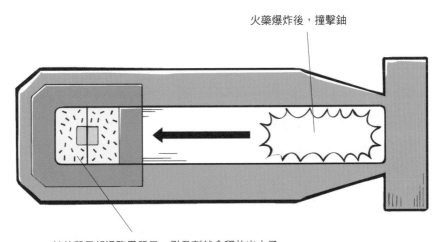

火藥爆炸後，撞擊鈾

鈾的質量超過臨界質量，引發劑就會釋放出中子。

7-05

鈽元素
—— 自然界中不存在的人造元素

　　如果要做原子彈，所使用的鈾 235 的濃縮度必須要超過 90%以上才行。如果是要用於核子反應爐，濃縮度則只需 20% 以上即可，而且濃縮度不高，就不用擔心會把核子反應爐弄成原子彈。

　　因此，把含有大量鈾 238 的燃料拿去運轉核子反應爐之後，從核分裂的鈾所噴發出來的中子大部分都會撞擊到鈾 238，就算下一次撞擊的元素是鈾 235 並產生核分裂，也不會變成炸彈而爆炸，而是引起緩慢的連鎖反應，慢慢的釋放出能量。而接著撞擊到鈾 238 的中子，會讓鈾 238 變成鈽（並不是馬上變成，而是會經過一個階段：鈾 238 → 鈾 239 → 錼 → 鈽）。

　　換言之，就是原本無法拿來當作原子彈使用的鈾 238，只要經過核子反應爐的運轉過程，就可以變成原子彈用的鈽了。因此如果想要大量製造原子彈的話，只要使用鈽就可以。

　　但是，如果是要使用鈽來製造原子彈的話，構造簡單的槍管式原子彈則不適用。鈽元素中，除了鈽 239（這是想要拿來用於原子彈的材料）之外，還有大約 6% 左右的鈽 240 在裡面。鈽 240 是一種不穩定的元素，如果使用槍管式原子彈的方式來製造的話，分離的兩塊鈽會在撞擊合體之前，擅自開始核分裂，進而產生小型爆炸，最後就會從內部破壞整顆原子彈。其他大部分的鈽就會在沒有爆炸的情況下，四處擴散。但如果是使用內爆式原子彈的方式來製造的話，即使鈽 240 在裡面擅自產生核分裂和爆炸，這一顆原子彈也可以使用遠超過鈽 240 爆發力的爆炸能量來壓住並固定鈽。

內爆式原子彈的構造概念圖

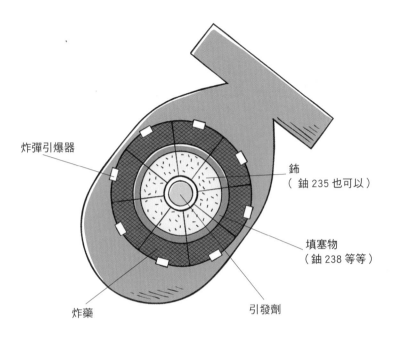

炸彈引爆器

鈽
（鈾 235 也可以）

填塞物
（鈾 238 等等）

炸藥

引發劑

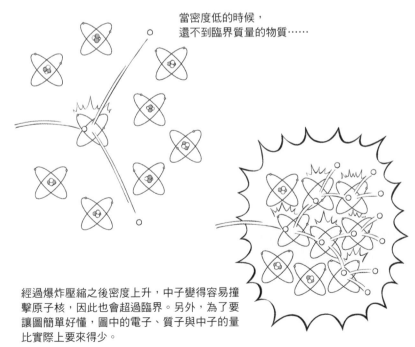

當密度低的時候，
還不到臨界質量的物質……

經過爆炸壓縮之後密度上升，中子變得容易撞
擊原子核，因此也會超過臨界。另外，為了要
讓圖簡單好懂，圖中的電子、質子與中子的量
比實際上要來得少。

7-06

氫彈
——使用氫進行核融合，所以叫做氫彈

除了原子彈之外，還有比原子彈更強的核子武器，就是氫彈。現代的核子武器也幾乎都是氫彈。

氫彈是一種使用**核融合反應**的炸彈。所謂的核融合，與核分裂相反，指的是讓兩個原子融合成一個原子。右頁圖中所畫的，就是兩個氫原子融合變成一個氦原子的狀況。

太陽所釋放出來的光和熱，是利用太陽中的氫變成氦，也就是核融合反應時產生出來的能源。不只是氫原子融合之後會變成氦原子，也有更大的原子會融合在一起（例如六個氫原子融合在一起會變成碳，或是 26 個氫原子融合在一起會變成鐵），有一種說法指出其實宇宙的大爆炸也許就是因為核融合所產生出來的也說不定，不過這並不是一般會出現的反應。到目前為止只要提到應用核融合反應，就只有氫原子融合變成氦原子而已，所以講到核融合炸彈，也只有氫彈而已。

要引起核融合，就必須產生出與太陽中心相當的高熱及高壓，而這些高熱及高壓需要靠原子彈才能製造出來。因此，氫彈的引爆裝置需要使用到原子彈。簡單來說，在原子彈的外面用氫包住之後，氫彈就會完成，但是，若要使其容易爆炸的話，炸彈的材料會使用原子核中有兩個中子的氚。

基本上，氫在常溫時為氣體。因此世界首次的氫彈實驗中，是先使用冷卻裝置讓氫變成液體，再把變成液體的氫包裹在原子彈外面。但是這一種做法無法讓氫彈真正地成為武器，因此會再讓氫與鋰化合成**氘化鋰**，變成固體，最後再組成炸彈。

核融合的概念圖

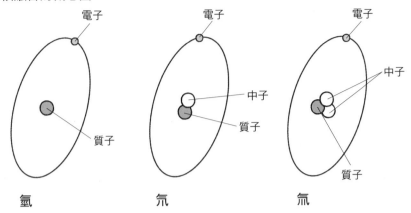

上圖中三種元素,其化學性質都相同,只有中子的數量不同。

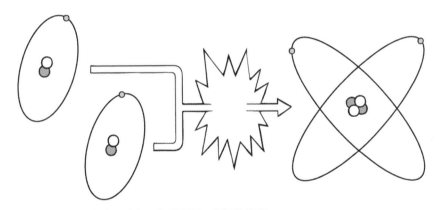

兩個氘融合在一起會變成氦,但是需要四億℃的高溫。

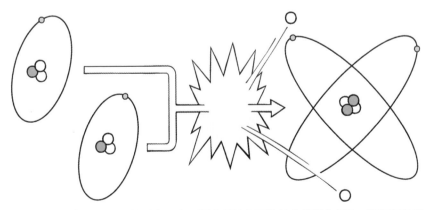

氚只要四千萬℃就會產生核融合反應,因此相較之下比較容易產生爆炸,而且額外噴射出來的中子也可以讓鈾238產生核分裂反應。

7-07 確實引爆所需要之物
——引發劑以及填塞物

　　就算鈾和鈽確實地產生核分裂，其他大部分尚未產生核分裂的原料，也會因為已經產生核分裂的部位所引起的爆炸而被吹飛，最後無法變成擁有足夠威力的炸彈。因此想要提高炸彈的效率，其中最重要的元件就是引發劑以及填塞物。

　　要引發核分裂，就會需要用到中子。雖然中子會從太陽或是其他星球飛到地球來，但是在引發核分裂反應的時候，會希望一口氣照射大量的中子。於此會使用的就是稱為引發劑的物質，是一種人工的中子來源，由鈹（原子序4）及釙（原子序84）所組成。釙是一種很不穩定的原子，會自然崩壞變成鉛（原子序82）。在崩壞的時候就會釋放出黏在一起的兩個質子和兩個中子，而這些質子、中子撞到鈹的原子核時，鈹就會變成碳（原子序6），然後釋放出額外的中子。在使用於內爆式原子彈時，鈹及釙的中間會隔著一層薄薄的金屬薄膜，當火藥爆炸時，就會因為爆炸產生的衝擊把金屬薄膜破壞掉，讓兩者融合在一起。

　　填塞物指的是中子反射體。填塞物會反射試圖要跑出炸彈外面的中子，把中子反射回鈽中繼續產生核分裂反應。使用於填塞物的材料越重越好，所以有時候會使用鉛，不過有時候也會使用更重的鈾238。鈾238不會爆炸（以原子彈的材料來說）。不過如果是使用於氫彈，用鈾238包住氫彈的話，因為核融合反應所產生的高速中子會讓鈾238產生核分裂，反而會讓氫彈的威力更往上一層樓。

氫彈的構造

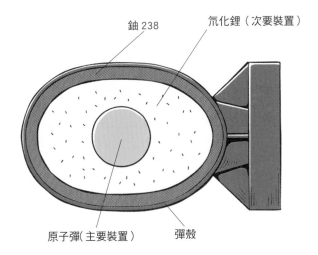

原子彈是氫彈的引爆裝置，稱為「主要裝置」；由原子彈所引起的核融合反應（另外也會讓外部的鈾238產生核分裂反應）的部分，則稱為「次要裝置」。

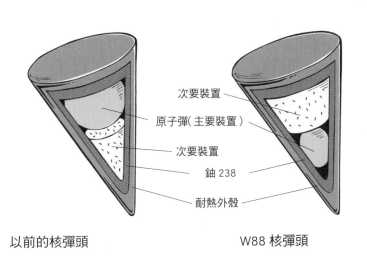

彈道飛彈的彈頭（重返大氣層載具）是圓錐形。由於以前的主要裝置是球體，所以一定要放置在底部（以圖片來說是上面），其次要裝置也都會比較小（氫彈的威力也會變小）。但是後來美國製造出的W88核彈頭，是橢圓形的內爆式原子彈，只要把原子彈放置在尖端，就可以讓次要裝置變大。

7-08 中子彈頭
——亦稱為強化放射線彈頭，其實是小型氫彈

冷戰時期，由於美、蘇雙方「都不想打核戰」，因此防止了雙方的大戰。但是，蘇聯軍隊還是有可能在不使用核彈的前提之下，使用三萬輛戰車及兩百萬的大軍侵略西歐。萬一發生這種情況，又無法阻止蘇聯軍隊侵略到德國境內的話，為了阻擋蘇聯軍隊的進攻，就得預先設想在德國國內使用核子武器的劇本（但是德國國民會變得怎麼樣？）。

不過，令人意外的是，戰車的厚重裝甲是可以阻擋熱能及爆炸波的。因此，開發出強化放射線彈頭（中子彈頭），用來製造可以穿透任何厚度的裝甲，破壞乘坐在戰車內部乘組員的身體機能的放射線。這一種彈頭重視的不是製造熱能或是爆炸波，而是釋放中子。當時這一種武器開發出來之後，就被搭載在「長矛」短程地對地飛彈上，配置於西歐。

中子彈頭是一種用氘化鋰將爆炸當量一千噸以下的小型原子彈整個包住，藉此引發核融合反應的小型氫彈。一般的氫彈為了加速核反應，會在炸彈外殼的內側設置使用鈾238等材料的中子反射體，不過這一種中子炸彈則是會改成使用鉻或是鎳。因此隨著爆炸當量變小，釋放出來的中子就會變多。

此外，爆炸當量變弱的意思，指的就是實際上沒有核分裂的核子物質四散（可以想像成不完全燃燒），或是也有可能周邊的物質吸收中子之後，會開始產生放射線，因此產生更嚴重的核汙染。（真是的，同盟國如果真的在德國國內使用這種武器，德國國民不知道會變得怎麼樣……）。不過，因為中子彈頭無法長期保存，維護也非常耗時，因此在冷戰結束之後，就沒有再繼續配置中子彈頭了。

照片是「長矛」短程地對地飛彈。在冷戰時期，為了抵抗蘇聯軍的侵略，曾經預想過要裝上中子彈頭來使用。

照片來源：美國陸軍

瑞士國民家庭的戰爭防衛手冊《民間防衛》

　　瑞士在冷戰時期，曾發給每個國民家庭一本手冊，記載著萬一在瑞士境內發生戰爭的話，該如何應變。從「不要被敵方的宣傳所騙」、遇到核子武器攻擊時要如何保護自己，到每個家庭應該要預備什麼、要準備多少物品，都有非常詳細的說明。跟變成和平白痴的日本有什麼地方不同呢？這可是永久的中立國瑞士啊！不過據說這一本以1980年代的冷戰為背景所撰寫出來的手冊，現在的瑞士已經沒有在使用。

《民間防衛》的日文版本，由原書房發行的長銷型書籍。

從核子爆炸中生存

照片為在比基尼環礁進行的「城堡行動」（1954年）中，名為「Union實驗」的核爆實驗中所產生的蕈狀雲。當時產生出來的能量有6.9百萬噸。　　照片來源：LEONOE/ullstein bild/時事通信Photo

8-01 依核子爆炸所產生的火球進行分類
——空中爆炸、地表爆炸、地底爆炸

核彈爆炸之後，會產生一個巨大的光球（也可以說是火球）。爆炸當量愈大，火球當然也會愈大。爆炸當量一千噸的話，就會產生半徑約34公尺的火球；十千噸的話，就會產生84公尺的火球；一百千噸的話，就是210公尺；一百萬噸的話，就是530公尺；十百萬噸的話，就會產生1,300公尺的巨大火球。不過，隨著周圍環境的明暗度，多少也會看錯實際的大小。

從開始爆炸到整個火球成形的時間，愈大的炸彈所需時間愈久。二十千噸的話，大概需要一秒；如果是一百萬噸的話，大概需要約十秒。

火球底部沒有接觸到地面的狀態稱為空中爆炸，只要有接觸到地面則稱為地表爆炸。如果只有火球底部接觸到地面的話，爆炸的中心大概會是在火球的半徑處，也就會是在空中。不過核爆用語中，只要有接觸到地表就被分類成地表爆炸。

就算是在地底下引爆，火球只要出現在地表上面就是屬於地表爆炸，地底爆炸指的是整個火球都在地底下的意思。

先不管「破壞地底設施」或是「破壞戰車部隊」，如果是要破壞無法承受爆炸波的目標，如都市等目標的話，空中爆炸最具效果。使用於廣島的原子彈是在高度600公尺的地方產生空中爆炸，當時產生出來的火球半徑約100公尺。

在地表爆炸的原子彈會對地面產生強烈的衝擊，進而產生爆炸坑，破壞地底下的設施，但即使如此，地鐵或是地下街等設施只要離爆炸坑半徑有兩到三倍的距離，就不會受到損壞。另外，地表爆炸和空中爆炸比起來，地表爆炸的爆炸波及熱能的影響範圍較狹窄，對土地的放射線污染也會較嚴重。

核爆的分類

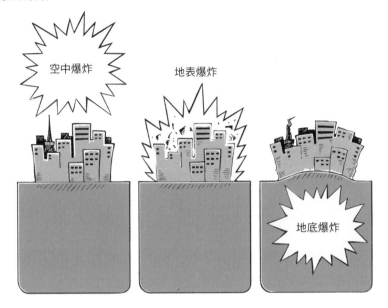

就算爆炸中心在空中，只要爆炸產生出來的火球接觸到地面就屬於地表爆炸；就算爆炸中心在地底，只要火球出現在地表上，也是屬於地表爆炸。

8-02 紅外線

—— 如果爆炸當量有一百萬噸的話，距離八公里也會烤成焦黑

　　當然，火球會釋放出強烈的紅外線。火球的持續時間和放出紅外線的時間相同，所以當爆炸當量為 20 千噸的火球，其持續時間是 1.5 秒的時候，紅外線的釋放時間就是 1.5 秒；十百萬噸的話，火球持續時間是 20 秒，當然紅外線的釋放時間也會是 20 秒。雖然如此，但大部分的熱能都會在持續時間的前半部出來。當然，長時間照射到這些紅外線是非常危險的。

　　如果是在爆炸中心附近的話，會瞬間蒸發；稍微遠離一點會被烤成焦黑；再稍微遠一點的話，會起水泡（嚴重燒傷）；再更遠一點的話，則是會像曬傷一樣，皮膚變紅且會覺得刺痛。

　　假設爆炸當量是一百萬噸的話，即使距離八公里遠，露出的皮膚也會被烤到焦黑，就算距離十公里也會起水泡吧！就算是沒有暴露肌膚，也會因為衣著不同而產生不同程度的傷害。黑色衣服和白色衣服相比，黑色衣服比較容易燃燒，當然材質也會有影響，羊毛材質的衣服則比棉質的衣服更容易著火。另外，當衣服被紅外線照射到時，寬鬆的衣物和貼身的衣物比起來，寬鬆的衣物也比較不容易使人燒傷。

　　紅外線也是光的一種，所以會直線前進。因此只要躲在陰暗處，就算距離爆炸中心不遠，也可以免於紅外線的傷害（雖然如此，但紅外線之後就是爆炸波了）。不過，因為最近的都市建築物玻璃都是可以反射太陽能的，所以某種程度上也會反射核爆所產生的紅外線（雖然如此，下一瞬間就會因為爆炸波而破裂），因此就算躲在陰暗處也有可能會因為反射過來的紅外線而受傷。

圖表1　爆炸當量與人類皮膚受到紅外線影響的距離

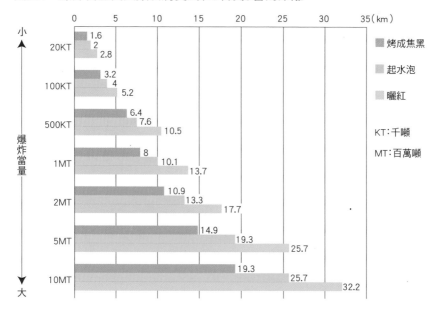

圖表2　由核爆產生的紅外線引起火災的距離

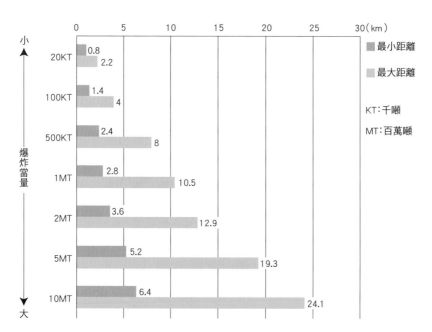

出處：《核子武器與防衛工學》作者：英國內政部 日文版譯者：植村厚一、小見山紗 （朝雲新聞社，1979年）

8-03 | 爆炸波
——一百萬噸的核彈爆炸的話，半徑2.4公里的房屋會全毀

　　核爆會產生巨大的爆炸波。爆炸中心附近的爆炸波速度會超過音速。爆炸波的最前面稱為爆炸波面，爆炸當量一百萬噸的核彈爆炸的話，爆炸波面會在爆炸後十秒到達距離爆炸中心 4.8 公里的地方，50 秒之後會到達距離爆炸中心 19 公里的地方，之後也會維持著每秒 345 公尺的速度前進。

　　一百萬噸的核爆所產生的爆炸波，半徑 2.4 公尺內的房屋會全部摧毀；3 公里內的房屋會毀損到幾乎無法修復的程度；8 公里以內的房屋也會承受一定程度上的損壞。由於房屋遭受到爆炸波襲擊時，其物件會被吹飛，因此一般道路會變得難以通行。雖然距離數十公里以上的房屋，遭受到的影響比較輕微，但即使如此，這些房屋的玻璃也會全部破裂。對於遭受到核武攻擊的都市而言，殺傷力最大的莫過於這些被震破且噴飛的玻璃了。

　　只要距離爆炸中心超過數十公里以上，因紅外線所造成的燒傷程度，差不多等於夏天去海邊沒有塗防曬油曬一整天的程度。雖然一般的房屋不會倒塌，但是因爆炸波而破裂飛散的玻璃，則會帶給人們相當大的傷害。另一方面，由於現代建築物都裝設大面積的玻璃，就算距離爆炸中心很遠，也非常危險。因此現代都市遭受到核子武器攻擊的時候，甚至會認為和紅外線與放射能比起來，玻璃的破裂飛散才是最有可能殺傷人的主因。

　　當看到遠方有亮光突然閃一下時，距離爆炸波到來之前能逃脫的時間只有數十秒，但即使如此，旁邊的臭水溝也沒關係，總之趕快先找個比較低的地方，或是躲在比較堅固的物體陰暗處。因為只要能躲到地下鐵或是地下室的話，生存率也會大幅地提升。如果真的沒有時間逃跑的話，就趴在玻璃窗戶的下面吧！

圖表1　受到爆炸波影響，一般房屋受損的程度與距離

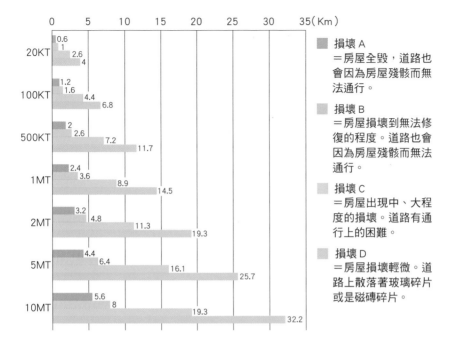

損壞 A
＝房屋全毀，道路也
會因為房屋殘骸而無
法通行。

損壞 B
＝房屋損壞到無法修
復的程度。道路也會
因為房屋殘骸而無法
通行。

損壞 C
＝房屋出現中、大程
度的損壞。道路有通
行上的困難。

損壞 D
＝房屋損壞輕微。道
路上散落著玻璃碎片
或是磁磚碎片。

圖表 2　因為爆炸波影響，樹木受到損壞的距離

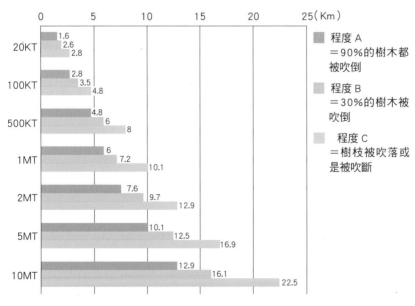

程度 A
＝90%的樹木都
被吹倒

程度 B
＝30%的樹木被
吹倒

程度 C
＝樹枝被吹落或
是被吹斷

出處：《核子武器與防衛工學》 作者：英國內政部 日文版譯者：植村厚一、小見山紗 （朝
雲新聞社，1979 年）

8-04

初期放射線和殘留放射線
——不需要考慮初期放射線的防護

　　火球也會釋放出強力的放射線。火球釋放出來的放射線稱為初期放射線。這是核爆反應出現時，會釋放出來的放射線，所以釋放出來的時間與看見火球的時間幾乎差不多。爆炸當量愈大，持續時間愈長，不過大致上會在一分鐘以內。

　　雖然這是強力的放射線，但不須特別思考要怎麼從初期放射線的照射中生存下來。比如說受到一百萬噸核爆所產生的放射線照射時，距離爆炸中心 2.4 公里以內的人死亡率大約是 50%。但是在這個距離內，人們會先因為強烈紅外線的照射下瞬間被烤成焦黑，建築物倒塌後，會開始起火。這些情況要比放射線照射危險得多。另外，如果已經待在足以保護人免於核爆引起的紅外線及爆炸波傷害的地下室或是堅固物體的陰暗處的話，將可以同時保護人免於初期放射線的傷害。

　　如果可以從紅外線及爆炸波的威脅下生存下來，接下來要擔心的就是殘留放射線了。殘留放射線指的是，當製造核子彈頭的原料蒸發之後，冷卻再變成如同灰一般細小的物體飄落下來，或是因為爆炸波而被吹起的灰塵。這些物質會吸收初期放射線的中子，而開始擁有放射能。

　　氣體擁有熱能之後，就會開始上升。火球當然也會上升，當火球上升之後，為了要彌補上升之後空下來的空間，周圍的空氣會被吸往，接著爆炸中心再往上升。因此，對都市使用核彈攻擊，並且是在空中爆炸時，具有放射線的落塵也會被捲上高空，不會馬上落下來。之後會因為風流動的關係，濃度才會下降。

　　但是，如果是在地表爆炸的話，和空中爆炸比起來，地表爆炸會產生空中爆炸無法相比的放射性污染。

圖表1　會產生核污染的核爆最低高度

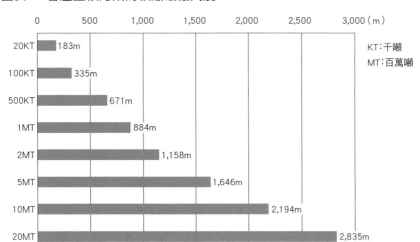

只是超過這個高度以上，就幾乎不會在地表出現放射性污染。因為落塵被捲上高空之後擴散開來的關係。

圖表2　在房屋外受到初期放射線照射時LD50*的距離

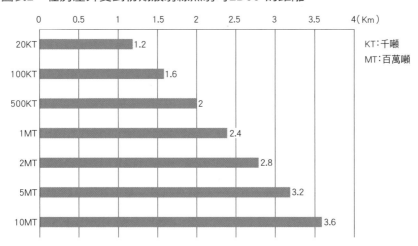

比如說，爆炸當量是10MT，距離3.6公里的人照射到初期放射線的人有一半會死亡。

※LD50 為「50% Lethal Dose」的省略。LD50 指的是「半數死亡的量」。但是因為生物對於放射線及毒物的抵抗力會因為個體不同而產生極大的差距，因此就算是受到 LD50 兩倍量的照射，也不會達到 100% 的死亡率。

出處：《核子武器與防衛工學》 作者：英國內政部 日文版譯者：植村厚一、小見山紗 （朝雲新聞社出版，1979 年）

8-05

放射線對人體的影響
—— 只要7西弗，致死率幾乎100%

　　用於測量放射線強度的單位有很多種，其中一個主要針對人體受到影響程度的測量單位，稱為西弗（Sv）。這個名詞是日本人在經歷東日本大地震，看到福島第一核電廠事故之後，最常聽到的單字吧！

　　那時候在東日本，很多人急急忙忙地跑去買測量計，測量了之後說「啊！啊！我家庭院放射線強度是 0.16 微西弗 / 小時（ μ / Sv/h）」吧！當時甚至還開始販售可以測量放射線的智慧型手機。

　　那麼，當人受到不同劑量的放射線照射之後，會變得怎麼樣呢？ 0.5Sv 時，不會出現自覺症狀，但實際上白血球會暫時性減少；1Sv 時，就會出現無力感；當受到 1 ～ 2Sv 的放射線照射時，會在兩個小時左右感覺到噁心想吐的症狀；受到 3Sv 時，就會在一到兩小時內，4Sv 則會在一小時內出現噁心想吐的症狀。另外，在這些劑量的照射程度內，60 天內會有 50% 的人死亡。

　　受到 4 到 6Sv 的放射線照射之後，三到八小時以內會開始下痢，達到 7Sv 之後，在一個小時之內就會出現嚴重的下痢；當照射幅度超過 7Sv 之後，人就會開始意識不清，過幾天之後就會死亡，死亡率將近 100%。6Sv 以下的劑量，人還可以保有意識，超過 6Sv 之後，人就會出現意識模糊的狀況。超過 15Sv 之後，對於神經系統損傷非常的大，如果是 50Sv 之後就會使人出現全身痙攣，接著就會死亡。

　　懷孕中的女性照射到 0.1Sv 的放射線之後，有可能會產下有肢體障礙的孩子。0.65Sv 到 1.5Sv 的話，會引發暫時的不孕症，2.5Sv 之後就會永久不孕。

單次受到大量放射線照射之後所產生的症狀

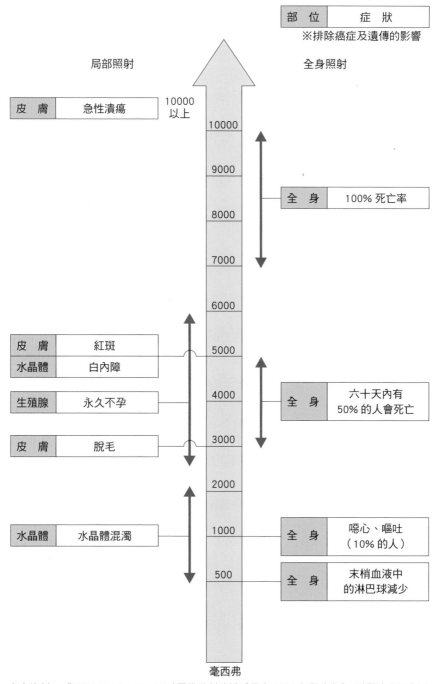

參考資料：《ICRP Publication 60（國際放射防護委員會 1990 年勸告）》 財團法人日本同位素協會（Japan Radioisotope Association）翻譯等

8-06 從核戰中生存下來
── 戴上口罩，盡可能往上風處逃

　　如果能從核爆產生的紅外線及爆炸波中生存下來，那也表示你已經從初期放射線的威脅中活了下來。接下來要擔心的就是稱為落塵（Fallout），代表著死亡的灰塵。它是一種帶有輻射性的塵埃。被爆炸波捲上天空的放射性物質，如果是直徑 1 公釐的話，會花十五分鐘落下來；如果是直徑 1/20 公釐的話，則會花上二十個小時落下來。簡單來說，這些物質會在下風處落下來，所以盡可能往上風處逃跑吧！

　　就算這些灰塵附著在身體的表面，也不會馬上就出現生命危險。只要洗掉就好了。重要的是，不要把這些灰塵「吸入體內」以及「吃入體內」。如果把這些放射性物質攝取進體內，就等同是讓身體 365 天 24 小時都在照射放射線。再怎麼弱的放射線，只要持續照射就會有危險。

　　為了不要吃進這些灰塵，首先要做的就是戴上口罩。最好能使用噴灑農藥時戴的口罩（日幣兩千元左右即可買到），如果沒有的話，特別針對花粉症狀製作的口罩也可以。如果沒有口罩，用手帕遮住口鼻之類也可以，總之就是盡可能不要吸入這些灰塵。除此之外，為了保護眼睛，護目鏡也是必要的物品。

　　水及食物也是，只要是暴露在空氣之下的食品，禁止飲用或食用。如果是包裝過的食品，像是寵物用的罐頭或是罐裝水等等，這些食品不管遭受到多強烈的放射線照射都不會出問題。但是，如果是要在戶外開封的話，要小心不要讓這些食品及飲品沾上灰塵。所以應該要盡可能減少在室外的飲食活動。

　　回到家之後，在玄關就先把衣服脫下來，接著用塑膠袋什麼的將它裝起來，放置在家外面，不要放置在家中。之後馬上去洗

澡，好好地把身體洗乾淨。特別是頭髮要認真洗過，因為飄落在
髮根間的灰塵特別難去除，因此要多花點時間洗頭。

面對落塵保護自己

噴灑農藥時用的口罩或是針對花粉症製造出來的口罩、雨衣以及手套等，這些裝備並無遮
蔽放射線的能力。但是，如果已經從爆炸波及紅外線的威脅中生存下來了，那就表示已經
從最致命的初期放射線中生存下來。針對殘留放射線的對策，最重要的是不要吃到這些掉
下來，具有放射性的物質。剛剛提到的便宜雨衣或是手套，可以多少防止這些代表死亡的
灰塵沾黏到身上。所以先把雨衣準備好吧！

8-07 | 放射線的種類和穿透力
──要擔心的是伽瑪射線以及中子輻射

核爆所產生的放射線有四種，分別是 α（Alpha）射線、β（Beta）射線、γ（伽瑪）射線及中子輻射。

α 射線是由兩個質子和兩個中子所組成，類似於氦原子失去電子之後的物質。α 射線穿透物質的穿透力弱，在空氣中也只能穿透數公分，連一張紙都無法穿透過去。但是因為電離作用強，所以不小心吃到有 α 射線的灰塵是非常危險的。不過如果有戴口罩，防止吸入灰塵的話，就不需要擔心了。

β 射線是由原子經過核分裂之後崩壞，到處四散的電子所構成，所以數 mm 厚的鋁板，或是一公分厚的塑膠板就可以擋住 β 射線。但是 β 射線對生物細胞的電離作用非常強，所以當 β 射線大量照射在皮膚上時，會造成皮膚燒傷。β 射線也一樣，只要戴著口罩，再加上防止灰塵黏著在皮膚上就不需要擔心。

伽瑪射線是一種波長一千萬分之一公釐左右的電磁波（電磁爐的波長是 12 公分），也就是說，類似於照射 X 光時的那個 X 射線。提到對人體的影響的話，和 α 射線及 β 射線比起來，人體原本就對伽碼射線抵抗力較弱，加上伽瑪射線穿透力強，如果要完全遮蔽的話，需要厚達十公分左右的鉛板才行。就算再怎麼注意不要讓灰塵沾粘到身體上，以及不要把灰塵吸入口鼻或吃到，帶有伽瑪射線的灰塵仍可以在遠方放射出伽瑪射線，對人體造成傷害。

中子輻射穿透力更強，不管躲在哪裡，都可以穿透遮蔽物對人體造成傷害。還好中子輻射碰到水會衰減。水泥裡面含有水份，同樣的，土壤裡面也含有水份，因此，只要躲在地下室就可以大幅減少中子輻射帶來的傷害。

放射線種類

α（alpha）射線	由兩個質子和兩個中子所組成的物質飛過來
β（beta）射線	電子飛過來
γ（伽瑪）射線	波長一千萬分之一公釐的電磁波
中子輻射	中子飛過來

各種放射線的穿透力

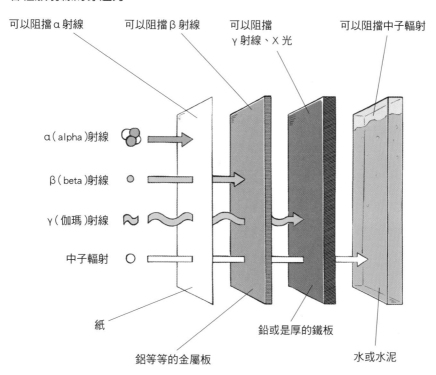

8-08 放射線的遮蔽方式與衰退
——只要八公分的土壤就能讓伽瑪射線衰減到一半

就破壞都市而言，最有效率的方式就是空中爆炸，因此在執行任務時通常也都會選擇空中爆炸。如果是使用空中爆炸的話，落塵的問題並不會太嚴重。如同在 8-06 中所提到的，只要戴上口罩，就算是用走去避難，也沒有問題。

但如果是地表爆炸的話，就會引發相當嚴重的污染問題。有時候與其在地面上逃得遠遠的，不如先躲在地底下，等到放射線減弱還比較好。

厚度 8.4 公分的土壤就可以減弱伽瑪射線的一半強度。兩倍厚度，也就是 16.8 公分的話，就可以讓伽瑪射線的強度剩下四分之一，三倍厚度的土，也就是 25.2 公分的話，可以再減半，也就是讓伽瑪射線的強度剩下八分之一。

以避開地表的放射線來說，都市的地下街以及地下鐵的站體內都是防護非常好的空間（雖然在沒有門的情況下，有可能會因為風，而把落塵吹進來建築物內）。

放射能會隨著時間減弱。放射能強度減半的時間稱為半衰期。而半衰期會隨著放射性物質的種類不同而有所差異，所以計算起來非常麻煩。總而言之，只要等到超過七倍的時間，放射能就會只剩下原本的十分之一。也就是說，爆炸七分鐘之後的放射能就會剩下原本的十分之一。7X7=49，49 分之後的放射能就會只剩下百分之一。

但是，就算是「只剩下十分之一」或是「剩下百分之一」，「具體而言是多少西弗呢」，還是得經過測量才知道。各位經歷過廣島、長崎以及福島事件的日本國民，還是帶著測量計吧！

可以讓殘留輻射線強度減半的各種材料厚度

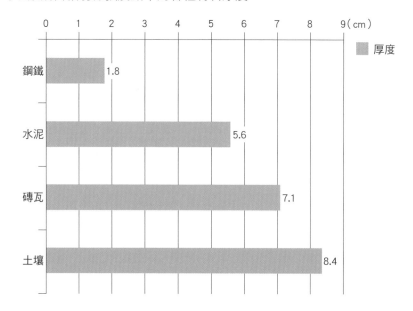

現在市面上有販賣著各類型的測量計。有鑰匙圈造型的放射線警報裝置，可以透過在一分鐘內響幾次警報來判斷現場的危險度，也有的裝置是直接告訴你數值為多少。

8-09 家庭用簡易式核子避難所

—— 只要沒有被原子彈直接擊中，也可以藉著一般家庭的地下室生存下來

　　大家都知道瑞士及瑞典這兩個國家，建有可以讓全體國民避難的核避難所。據說在瑞士蓋房子的時候，一定 * 要蓋核避難所。

　　就如同在 4-08 中所提到的，核子彈頭在地表爆炸時，會在地表上炸出一個爆炸坑，如果地下室挖得不夠深，是會同時被壓毀的。不過，針對都市使用核子武器的時候，大多數會選擇空中爆炸。以在廣島被投下的原子彈為例，人只要待在地下室或是堅固的遮蔽物後面，就算距離爆炸中心只有五百公尺，也能夠存活下來。即使是遭受到宛如能炸飛地上建築物的爆炸波襲擊，只要待在地底下就沒問題，而且水泥和土壤也會幫忙減弱放射線的強度。

　　50 公分的土壤就可以讓放射線的強度減弱到 64 分之 1。在庭院中挖出一個洞，用水泥在洞中做出四面的牆壁，天花板再用 2 公分厚的鐵板及 6 公分厚的水泥來製作，接著天花板的上面再鋪上 1 公尺的土壤，光是這樣就可以讓放射線的強度減弱到 8,200 分之 1。

　　另外，還有一個更簡單建造避難所的方法，就是把貨櫃或是化糞池埋在土壤裡面。為了不要吸進灰塵，可以把一般空氣濾清器的濾網等當作是換氣扇來使用。動力來源可以使用設置在外面的太陽能電池板，如果沒有的話，也可以使用人力踩動的腳踏式發電機。

　　水和糧食的部分，可以事先儲備好裝在寶特瓶裡面的水、罐頭、裝在殺菌袋裡面的糧食以及餅乾等物資。廁所的部分，只要先設置好，應該能夠撐上一段時間，如果沒有的話，外面販賣的攜帶式廁所也可以。

---

* 據說在蘇聯解體後，就沒有「一定要」了。

簡易核避難所的概念圖

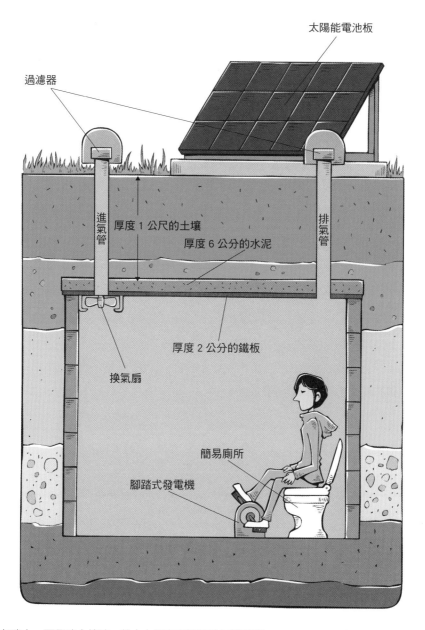

太陽能電池板

過濾器

進氣管

排氣管

厚度 1 公尺的土壤

厚度 6 公分的水泥

厚度 2 公分的鐵板

換氣扇

簡易廁所

腳踏式發電機

在瑞士，要興建大樓時，基本上規定要設置地下避難所。

Cold Launch與Hot Launch

　　有兩個名詞叫做Cold Launch與Hot Launch，意思指的不是「冷的午餐」和「熱的午餐」。午餐的英文是Lunch，但這裡的是Launch。因為在日文中用片假名寫的話，容易讓人無法分辨出差異，所以也有人會將日文寫成ローンチ(Lonnchi)。

　　當彈道飛彈從地下飛彈發射室發射時，飛彈在這裡即刻點火發射的話，那就是Hot Launch熱發射。因為飛彈會噴出非常強烈的火焰，狹窄的發射室也會被燒得面目全非，若是沒有修理的話，將無法再次使用。

　　因此，還有另一種方式，就是利用壓縮空氣等先把飛彈推升到空中，之後飛彈在空中點火發射。這一種方式稱為Cold Launch冷發射，發射室可以不須經過修理，便能重新再利用。另外，潛彈道飛彈（SLBM）當然也是屬於Cold Launch。反戰車飛彈等小型飛彈中，也有幾種飛彈是屬於Cold Launch。例如美國的FGM-148標槍飛彈等。

美國的FGM-148標槍反戰車飛彈發射的瞬間。　　　　　　　照片來源：美國陸軍

第9章
世界主要的飛彈種類

俄羅斯的「山毛櫸」地對空飛彈。據說在烏克蘭上空擊落了馬來西亞航空的客機。

9-01

世界主要的ICBM
（洲際彈道飛彈）

持有國家	名稱	全長(m)	直徑(m)	重量(t)	射程(km)	彈頭
美國	義勇兵III	18.2	1.9	34.5	13,000	350KT × 3
俄羅斯	SS-11（RS-10）	19.0	2.0	50.1	13,000	1MT × 3
	SS-13（RS-12）	21.7	1.8	51.0	9,400	750KT × 1
	SS-17（RS-16）	23.9	2.3	71.0	11,000	3.6MT × 4
	SS-18（RS-20）	36.5	3.0	211.1	13,000	20MT × 10
	SS-19（RS-18）	27.0	2.5	105.0	10,000	5MT × 6
	SS-24（S-22）	23.8	2.4	104.5	10,000	500KT × 10
	SS-25（RS-12M）	21.5	1.8	45.1	10,500	550KT × 1
中國	DF-5 東風5	32.6	3.4	183.0	13,000	5MT × 1
	DF-31 東風31	13.4	2.2	17.0	8,000	90KT × 3
	DF-41 東風41	17.5	2.2	20.0	12,000	200KT × 6

KT：千噸、MT：百萬噸

註：本章的資料是參考《飛
彈事典》（作者：小都 元，
新紀元社，1995 年）

美國的LGN-30義勇兵ICBM。照
片是在加州的范登堡空軍基地所
進行的發射試驗。　照片：美國空軍

9-02

世界主要的IRBM
（中程彈道飛彈）

持有國家[註1]	名稱	全長(m)	直徑(m)	重量(t)	射程(km)	彈頭
中國	DF-3東風3	24.0	2.3	64.0	2,800	3MT × 1
	DF-4東風4	28.0	2.3	82.0	4,750	2MT × 1
	DF-15東風15	10.0	1.4	6.0	600	90KT × 1
	DF-21東風21	10.1	1.4	14.7	1,800	250KT × 1
以色列	耶律哥2	14.0	1.6	29.0	1,500	?
印度	烈火	21.0	1.3	16.0	2,500	?
北朝鮮	舞水端	12.5	1.5	12.0	4,000	?
	蘆洞	15.5	1.3	21.0	1,000	?
伊朗	流星3型	16？	1.3？	?	2,000？	核？/ HE[註2]
巴基斯坦	哈特夫6型	16？	1.3？	?	2,000？	核？/ HE

KT：千噸、MT：百萬噸

註1：美國及俄羅斯因為簽署 INF 條約（中程飛彈條約）的關係，目前沒有擁有 IRBM。
註2：HE 指的是高爆彈頭。

9-03

世界主要的SRBM
（短程彈道飛彈）

持有國家	名稱	全長(m)	直徑(m)	重量(t)	射程(km)	彈頭
俄國	伊斯坎德爾	7.3	92	3.8	400	集束彈等各種彈頭
	飛毛腿D(R-11)	12.3	88	6.5	300	核/HE
	Frog-7	9.4	54	2.3	65	核/HE
	SS-21(OTR-21)	6.4	65	2.0	70	核/HE
中國	DF-11 東風11	7.5	80	3.8	280	90KT
	SY-400 神鷹400	4.8	40	0.6	200	集束彈等各種彈頭
	DF-15 東風15	6.0	100	6.2	600	90KT
巴基斯坦	沙欣1型	13.0	110	9.0	600	?
	哈特夫1型	6.0	56	1.5	80	?
	哈特夫2型	9.8	56	3.0	300	?
以色列	耶律哥1型	13.4	80	6.7	480	核?
印度	大地(Prithvi)	8.6	90	4.4	250	500公斤HE?

KT：千噸

照片中的飛彈是中國SY-400短程彈道飛彈。另外，韓國也擁有據說是仿製俄羅斯伊斯坎德爾飛彈的玄武2型飛彈。另外，伊朗也有配備以中國紅箭2型地對空飛彈為基礎開發的M-7地對地飛彈。

9-04　世界主要的SLBM
（潛射彈道飛彈）

持有國家	名稱	全長(m)	直徑(m)	重量(t)	射程(km)	彈頭
美國	UGM-113三叉戟D5	13.4	2.11	59.0	59,090	100KT × 8
俄羅斯	SS-N-8（R-29）	14.2	1.80	33.3	9,100	800KT × 2
	SS-N-18（R-29R）	15.6	1.80	35.3	8,000	100KT × 3
	SS-N-20（R-39）	18.0	2.40	84.0	8,300	100KT × 10
	SS-N-23（R-29RM）	16.8	1.90	40.3	8,300	100KT × 4
中國	JL-1巨浪1	10.7	1.40	14.7	1,700	250KT × 1
	JL-2巨浪2	13.0	2.25	42.0	8,000	100KT × 10？
法國	MSBS（M-5）	12.0	2.30	11.0	11,000	100KT × 10
英國註	三叉戟D5	13.4	2.11	59.0	59,090	100KT × 6
印度	K-15 海洋	12.0	1.30	17.0	3,500	核

KT：千噸

註：雖然英國所使用的是美國製三叉戟 D5 飛彈，但其彈頭由英國製造。

照片是2014年6月2日，在大西洋上，由俄亥俄級戰略核子潛艦所發射的三叉戟Ⅱ（三叉戟D5）彈道飛彈。

照片來源：美國海軍

9-05 | 世界主要的巡弋飛彈

持有國家	名稱	全長(m)	直徑(m)	重量(t)	射程(km)	發射載具	彈頭
美國	BGM-109A 戰斧	6.25	52	1,452	2,500	水面船艦／潛艦	200KT
	BGM-109B 戰斧	6.25	52	1,452	450	水面船艦／潛艦	454KT
	BGM-109C 戰斧	6.25	52	1,452	1,300	水面船艦／潛艦	454KT
	BGM-109D 戰斧	6.25	52	1,452	1,300	水面船艦／潛艦	集束彈
	AGM-86B	6.32	69	1,458	2,500	飛機	200KT／一般彈頭
	AGM-86C	6.32	69	1,500	2,000	飛機	450KT／一般彈頭
	AGM-129	6.35	64	1,250	3,000	飛機	150KT／一般彈頭
俄羅斯	SS-N-21（3K10）	8.09	51	1,700	3,000	潛艦	200KT
	AS-15（Kh55）	8.09	51	1,700	3,000	飛機	200KT
	Rk-55	8.09	51	1,700	3,000	車輛	200KT
法國	ASMP	5.40	35	840	300	飛機	300KT

KT：千噸

※ 韓國擁有「天龍」、「玄武 III」及「若鷹」等巡弋飛彈，但細節不明。
※ 巴基斯坦擁有「哈特夫 7 型」以及「哈特夫 8 型」等巡弋飛彈，但細節不明。
※ 伊朗擁有「閃電」（射程 250 公里？）巡弋飛彈，但細節不明。
※ 以色列擁有可以從潛艦發射的巡弋飛彈，但細節不明。

和「戰斧」巡弋飛彈一起飛行的 F-14「雄貓」戰鬥機。和彈道飛彈比起來，巡弋飛彈的飛行速度較慢。
照片來源：美國海軍

9-06 | 世界主要的空對空飛彈

持有國家	名稱	全長（m）	直徑（m）	重量（t）	射程（km）	導引方式
美國	AIM-54 鳳凰	4.01	38.1	453	200	SARH[註1]
	AIM7-P 麻雀	3.66	20.3	230	45	指揮、SARH
	AIM-120 AMRAAM	3.65	17.8	157	50	指揮、慣性、AR[註2]
	AIM-9M 響尾蛇	2.87	12.7	87	8	IR[註3]
俄羅斯	R-33	4.25	38.0	490	120	指揮、慣性、SARH
	R-27ER	4.70	26.0	350	75	指揮、慣性、SARH
	R-27T	3.70	23.0	254	40	指揮、慣性、IR
	R-55	2.50	20.0	83	6	乘波導引
	R-23T	4.46	20.0	223	25	IR
	K9	4.50	24.0	580	20	SARH
法國	R-60	2.10	13.0	65	10	IR
	R530	3.28	26.0	192	18	IR、SAR
	MICA	3.10	16.0	110	60	慣性、RH
	超級530	3.54	26.0	245	24	SARH
日本	90式空對空飛彈	3.10	12.7	91	5	IR
	99式空對空飛彈	3.70	20.0	220	50？	AR
義大利	鎖蛇	3.71	20.4	220	92	SARH
以色列	Sjahrir	2.60	16.0	93	3	IR
	巨蟒3型	3.00	16.0	120	5	IR
	巨蟒4型	3.00	16.0	105	15	IR
巴西	MAA-1 食人魚	2.67	15.2	86	6	IR

註1：SARH：半主動雷達導引
註2：AR：主動雷達導引
註3：IR：紅外線導引

俄羅斯的空對空飛彈
（AAM）。由左邊開
始分別是R-27T、
R-27ER以及R27ET。

9-07 | 世界主要的地對空飛彈

持有國家	名稱	全長(m)	直徑(m)	重量(t)	射程(km)	射高(km)
美國	MIM-104 愛國者	5.18	41.0	700.0	160	24
	MIM-23 鷹式	5.08	37.0	627.0	40	18
	M48 檞樹	2.91	12.7	86.0	9	3
俄羅斯	SA-19(9M311)	2.56	15.2	57.0	8	3.5
	SA-17(9M317)	5.50	40.0	710.0	50	25
	SA-15(9M331)	2.85	35.0	165.0	12	6
	SA-13(9M37)	2.20	12.0	39.5	6	3.5
	SA-11(9K37)	5.50	40.0	690.0	32	22
	SA-10(S-300)	7.00	45.0	1,480.0	100	30
	SA-5(S-200)	10.5	86.0	2,800.0	160	20
	SA-3(S-125)	6.10	55.0	946.0	22	12
英國	短劍	2.24	13.3	42.6	7	3
	虎貓	1.48	19.1	62.7	5	4
法國	響尾蛇	2.89	15.0	84.0	10	5.5
	阿斯特15	4.20	18.0	310.0	30	10
	阿斯特30	5.20	18.0	450.0	120	20
中國	HQ-61(紅旗61)	3.40	29.0	300.0	10	8
	HQ-12(紅旗12)	5.60	40.0	900.0	42	25
日本	81式短SAM	2.70	16.0	100.0	7	3
	03式中SAM	4.90	32.0	570.0	50?	25?
瑞典	RBS23	2.60	21.0	26.5	15	3
	RBS70	1.32	10.5	16.0	7	3
以色列	閃電1	2.16	17.0	28.0	12	5.5
印度	三叉戟(Trishul)	3.10	20.0	130.0	9?	5?
台灣	天弓1型	5.30	41.0	900.0	60	20
	天弓2型	9.10	57.0	1,100.0	100	20

配置於土耳其東南部的都市加吉
安特的愛國者地對空飛彈。
照片來源：美國空軍

9-08 | 世界主要的空對地飛彈

持有國家	名稱	全長(m)	直徑(m)	重量(t)	射程(km)
美國	AGM-12 犢牛犬	3.20	30.5	258	7
	AGM-65 小牛	2.49	30.5	307	40
	AGM-84 SLAM	4.50	34.0	623	93
	AGM-123 艦長	4.30	36.0	582	25
	AGM-137 TSSAM	4.26	註1	900	185
	AGM-154 JSOW	4.26	34.0	484	74
	AGM-158 JASSM	3.80	註2	1,050	290
俄羅斯	AS-4（Kh-22）	11.65	92.0	5,900	550
	AS-6（Kh-26）	10.56	92.0	5,950	400
	AS-7（Kh-23）	3.60	27.5	278	10
	AS-10（Kh-25）	4.04	27.5	300	20
	AS-13（Kh-59）	5.37	38.0	930	200
	AS-14（Kh-29）	3.87	38.0	670	30
	AS-16（Kh-15）	4.78	45.5	1,200	150
	AS-17（Kh-31）	4.70	36.0	600	150
	AS-18（Kh-59M）	5.85	42.5	875	60
英國	PGM-500	3.60	35.0	300	30
法國	APCHE	5.10	註3	1,230	140
	AS.30L	3.65	34.2	520	12
以色列	突眼	4.83	53.3	1,360	80

註1：飛彈本體是船型。
註2：飛彈本體是船型。
註3：飛彈本體斷面有菱有角。寬63公分。

正在發射AGM-65小牛空對地
飛彈的A-10雷霆二式攻擊機。
照片來源：美國空軍

9-09 | 世界主要的空對艦飛彈

持有國家	名稱	全長(m)	直徑(m)	重量(t)	射程(km)
美國	AGM-84 魚叉	4.44	34.3	635	315
俄羅斯	AS-20(Kh-35)	3.75	42.0	480	130
	Kh-41	9.75	76.0	4,500	250
英國	海鷹	4.14	40.0	600	110
	海賊鷗	2.50	25.0	147	15
法國	AM39 飛魚	4.69	34.8	655	70
	AS.15TT	2.16	18.4	96	15
	ANF	5.78	35.0	920	180
中國	HY-1海鷹1	5.80	76.0	2,300	85
	HY-2海鷹2	7.36	76.0	3,000	95
	HY-4海鷹4(C-201)	7.36	76.0	1,740	135
	YJ-1鷹擊1(C-801)	4.65	36.0	655	50
	YJ-2鷹擊2(C-802)	5.30	36.0	555	130
	YJ-6鷹擊6(C-601)	7.36	76.0	2,440	95
	YJ-16鷹擊16(C-101)	5.80	54.0	1,500	45
日本	93 式空對艦飛彈	4.00	35.0	530	150
義大利	Marte Mk2	4.70	20.6	300	25
挪威	NSM	3.95	70.0註	344	185
瑞典	RBS-15F	4.33	50.0	800	250

註:這個數字指的是彈翼折疊起來的寬度,飛彈本體不是圓形。

照片是可搭載在俄羅斯Tu-22M轟炸機機翼下方的AS-6空對地/艦飛彈。

9-10 | 世界主要的艦對艦飛彈

持有國家	名稱	全長(m)	直徑(m)	重量(t)	射程(km)
美國	RGM-84 魚叉	4.64	34.3	682	140
俄羅斯	SS-N-7（P-70）	6.50	78.0	2,700	80
	SS-N-9（P-50）	8.84	76.0	3,300	110
	SS-N-12（P-500）	11.70	88.0	4,800	550
	SS-N-19（P-700）	10.50	88.0	6,980	550
	SS-N-22（P-270）	9.75	76.0	4,500	250
	SS-N-25（Kh-35）	4.40	42.0	603	130
	SS-N-26（P-800）	8.90	70.0	3,900	300
	SS-N-27（3M54E）	8.22	54.0	2,300	220
法國	MM38 飛魚	5.20	35.0	750	42
英國	海賊鷗	2.50	25.0	147	15
中國	FL-1 飛龍1	6.42	76.0	2,000	40
	FL-2 飛龍2	6.00	54.0	1,550	50
	YJ-1鷹擊1（C-801）	5.81	36.0	815	40
	YJ-2鷹擊2（C-802）	6.39	36.0	715	120
	YJ-16鷹擊16（C-101）	6.50	54.0	1,850	45
日本	90式艦對艦飛彈	5.10	35.0	660	150
義大利	奧圖馬	4.80	46.0	770	180
挪威	企鵝	2.96	28.0	385	28

從提康德羅加級飛彈巡洋艦「夏伊洛號」上面發射的RGM-84魚叉艦對艦飛彈。

照片來源：美國空軍

9-11 | 世界主要的艦對空飛彈

持有國家	名稱	全長(m)	直徑(m)	重量(t)	射程(km)	射高(km)
美國	RIM-161 標準	7.90	46.0	1,341	160	20.0
	RIM-7 海麻雀	3.68	20.3	228	26	15.0？
俄羅斯	SA-N-1（S-125）	6.10	55.0	639	22	12.0
	SA-N-3（M-11）	3.80	20.0	227	15	12.0
	SA-N-4（9K33）	3.15	21.0	130	12	10.0
	SA-N-6（S-300）	7.25	45.0	1,500	90	30.0
	SA-N-7（9K37）	5.55	40.0	690	32	22.0
	SA-N-9（9M331）	2.85	35.0	165	12	6.0
	SA-N-11（9M311）	2.56	76.0	43	8	3.5
	SA-N-12（9K40）	5.53	40.0	720	50	25.0
中國	HQ-7 紅旗7（FM-80）	3.00	20.0	85	12	6.0
	HQ-15 紅旗15	俄羅斯的S-300仿製品				
	HQ-61 紅旗61	3.99	29.0	20	12	8.0
英國	海鏢	4.36	42.0	550	40	25.0
	海參	6.10	41.0	1,819	40	23.0
	海狼	2.00	18.0	80	5	6.5
	海貓	1.48	19.1	303	5	5.0
法國	MASURCA	8.60	40.6	950	55	？
	阿斯特15型	2.60	32.0	310	30	10.0
	響尾蛇	2.90	15.0	83	13	15.0
	西北風	1.86	9.2	19	6	3.0？
意大利	鎖蛇	3.71	20.4	220	15	7.0？
以色列	閃電-1	2.16	17.0	98	12	6.0？
印度	阿卡什	5.80	34.0	650	27	22.0

照片從胡蜂級兩棲突擊艦上
發射的海麻雀艦對空飛彈。
照片來源：美國海軍

9-12 | 世界主要的地對艦飛彈

持有國家	名稱	全長(m)	直徑(m)	重量(t)	射程(km)
日本	88式地對艦飛彈	5.10	35	660	150？
	12式地對艦飛彈	5.10？	35	700	200？
中國	HY-3 海鷹3（C-301）	9.85	76	4,900	130
	HY-4 海鷹4（C-201）	7.36	76	1,950	135
俄羅斯	SS-N-3A（P-35）	9.45	90	4,200	350
	SS-N-2（P-15M）	5.80	75	2,573	80
	P-800	8.90註1	70註1	300	300
挪威	NSM	4.20	70註2	412	185
瑞典	RBS-15K	4.33	50	800	250

註 1：加上發射筒的尺寸。
註 2：彈翼收折起來的尺寸。飛彈本體不是圓形。

12式地對艦飛彈。日本陸上自衛隊所配備的地對艦飛彈。

9-13 | 世界主要的反潛飛彈

持有國家	名稱	全長(m)	直徑(m)	重量(t)	射程(km)
美國	RUM-139 VL-阿斯洛克	4.90	35.8	635.0	14+11
	RUR-5 阿斯洛克	4.57	33.7	435.0	9
俄羅斯	SS-N-14（RPK-3）	7.20	55.0	3,700.0	55
	SS-N-16（RPK-6）	8.17	53.0	2,445.0	50
	SS-N-29（RPK-9）	5.35	40.0	750.0	20
	RPK-8	1.83	21.2	112.5	4.3
法國	MILAS	5.80	46.0	820.0	50

正在發射反潛飛彈的伯克級飛彈驅逐艦「馬斯廷號」。反潛飛彈是一種火箭，頭部上面裝載了輕型魚雷，是由水面艦艇、飛機或是潛艦所發射，當靠近目標之後，魚雷就會脫離火箭，進入到海中。當魚雷進入到海中之後，就會使用被動導引，朝著潛艦的伸葉所發出的聲音前進，或是使用主動導引，由魚雷本身發出偵測訊號來找尋潛艦，並朝著潛艦的方向前進。

照片來源：美國海軍

9-14 | 世界主要的反戰車飛彈

持有國家	名稱	全長(m)	直徑(m)	重量(t)	射程(km)
日本	87式重MAT	157.0	15.2	33.0	4,000
	中程多功能飛彈	140.0	14.0	26.0	4,000？
	96式多功能飛彈	200.0	18.0	60.0	8,000？
美國	AGM-114 地獄火	163.0	17.8	45.7	8,000
	BGM-71 TOW 拖式	117.0	15.2	18.9	3,750
	FGM-77 龍	74.0	25.0	10.9	1,000
	標槍	110.0	12.7	11.8	2,000
俄羅斯	AT-3（9M13）	86.0	12.5	10.9	3,000
	AT-4（9M111）	91.0	12.0	11.5	2,500
	AT-6（9M114）	183.0	13.0	35.0	5,000
	AT-8（9M112）	120.0	12.5	25.0	4,000
英國	Swingfire 擺火	107.0	17.0	27.0	4,000
	Vigilant 警戒	107.0	13.0	14.0	1,600
法國	HOT	128.0	13.6	22.5	4,000
	米蘭	77.0	11.5	6.7	2,000
	Trigat-LR	150.0	15.0	47.0	4,500
	ERYX	92.5	16.6	11.5	600
中國	紅箭73	84.0	12.0	11.3	3,000
	紅箭8	157.0	12.0	25.0	4,000
以色列	Nimrod	260.0	17.0	98.0	26,000

中國的紅箭8反坦克導彈（反戰車飛彈）。

《 参 考 文 献 》

小都 元/著『ミサイル事典』(新紀元社、1995年)

小都 元/著『ミサイル全書』(新紀元社、2004年)

小都 元/著『ミサイル防衛の基礎知識』(新紀元社、2002年)

久保田浪之介/著『トコトンやさしいミサイルの本』(日刊工業新聞社、2004年)

防衛技術ジャーナル編集部『ミサイル技術のすべて』(防衛技術協会、2006年)

金田秀昭/著『弾道ミサイル防衛入門』(かや書房、2003年)

能勢伸之/著『弾道ミサイルが日本を襲う』(幻冬舎ルネッサンス、2013年)

英国内務省/著、植村厚一・小見山紗兎/訳『核兵器とその防衛工学』(朝雲新聞社、1979年)

高田 純/著『核爆発災害』(中央公論新社、2007年)

山田克哉/著『原子爆弾』(講談社、1996年)

山田克哉/著『核兵器のしくみ』(講談社、2004年)

桜井 弘/著『元素111の新知識』(講談社、2013年)

森永晴彦/著『放射能を考える』(講談社、1984年)

多田 将/著『ミリタリーテクノロジーの物理学＜核兵器＞』(イースト・プレス、2015年)

索引

國家圖書館出版品預行編目(CIP)資料

飛彈的科學：彈道飛彈、空對空飛彈、地對艦飛彈、反衛星飛
彈 從戰略飛彈到戰術飛彈大解密！／狩野良典著；魏俊崎譯.
— 初版. — 臺中市：晨星，2019.12
面；公分.—（知的！；157）

ISBN 978-986-443-939-3（平裝）

1. 飛彈　2. 戰略

595.95　　　　　　　　　　　　　　　　108017624

知
的
！
157

飛彈的科學
彈道飛彈、空對空飛彈、地對艦飛彈、反衛星飛彈
從戰略飛彈到戰術飛彈大解密！

作者	狩野良典
譯者	魏俊崎
審訂	宋玉寧
編輯	李怡儀
封面設計	王志峯
美術設計	曾麗香

創辦人　陳銘民
發行所　晨星出版有限公司
　　　　407台中市西屯區工業30路1號1樓
　　　　TEL：04-23595820　FAX：04-23550581
　　　　行政院新聞局版台業字第2500號
法律顧問　陳思成律師
初版　西元2019年12月16日　初版1刷
　　　西元2020年12月30日　初版2刷

總經銷　知己圖書股份有限公司
　　　　106台北市大安區辛亥路一段30號9樓
　　　　TEL：02-23672044 / 23672047　FAX：02-23635741
　　　　407台中市西屯區工業30路1號1樓
　　　　TEL：04-23595819　FAX：04-23595493
　　　　E-mail：service@morningstar.com.tw
　　　　網路書店 http://www.morningstar.com.tw
訂購專線　02-23672044
郵政劃撥　15060393（知己圖書股份有限公司）
印刷　上好印刷股份有限公司

定價 420 元
（缺頁或破損的書，請寄回更換）

ISBN 978-986-443-939-3
Missile no Kagaku
Copyright © 2017 Yoshinori Kano
First Published in Japan in 2016 by SB Creative Corp.
All rights reserved.
Complex Chinese Character rights ©2019 by Morning Star Publishing Inc.
arranged with SB Creative Corp. through Future View Technology Ltd.

掃描 QR code 填回函，成為晨星網路書店會員，
即送「晨星網路書店 Ecoupon 優惠券」一張，
同時享有購書優惠。